위성영상과 공간해상도

위성영상과 공간해상도

구 자 용

한국학술정보(주)

머 리 말

    공간자료의 분포와 그 특성을 파악하는 지리학에 있어서 원격탐사는 자료를 효과적으로 획득하고 분석할 수 있는 강력한 수단 중의 하나이다. 원격탐사를 통하여 대상 지역의 공간적 분포와 특성을 효과적으로 파악할 수 있기 때문이다. 특히 위성영상의 경우 넓은 지역의 공간자료를 주기적으로 획득할 수 있다는 측면에서 매우 효과적인 자료라 할 수 있다. 위성영상을 이용하여 대상지역의 다양한 지리정보를 신속하고 저렴하게 추출할 수 있다.

    지금까지 국내외에서 지리학, 도시공학, 조경학, 환경학 등 다양한 분야에서 위성영상을 이용한 연구가 수행되어 왔다. 필자 역시 지리학을 배경으로 위성영상을 처리하고 분석하는 데 많은 시간과 노력을 투자하여 왔다. 이 책은 필자의 박사학위 논문을 기반으로 그동안의 원격탐사 관련 강의노트와 발표논문들을 편집하여 구성하였다. 필자는 아직 원격탐사에 대한 연구를 시작하는 단계에 불과하지만, 지금까지의 연구들을 중간에서 정리하는 차원에서 이 책을 발간하게 되었다.

    이 책에서는 총 11가지 주제의 내용을 3부로 나누어 구성하였다. 제1부에서는 원격탐사의 기본원리와 위성영상의 처리과정을 소개하고 있다. 원격탐사와 위성영상에 대한 기초적인 내용을 담고 있다. 제2부에서는 위성영상을 활용한 해안습지 분석에 대한 내용을 다루었다. 해안습지 분석이라는 주제하에 위성영상을 실제로 처리하는 과정과 몇가지 위성영상의 처리기법에 대한 내용을 담고 있다. 최근 우리 국토의 환경에 대한 관심이 증가하고 있는 시점에서 위성영상을 활용하여 우리나라의 해안습지를 파악하고 분석한 사례들을 소개하였다. 제3부에서는 위성영상의 공간해상도를 변화함에 따라 나타나는 영상과 지리정보의 특성 변화를 다루었다. 디지털 형태인 위성영상의 공간해상도를 조작하는 과정과 이에 따른 영상의 변화를 파악하고, 지리정보의 추출을 위한 적정 해상도를 모색하는 내용을 담고 있다.

끝으로 보잘 것 없는 내용을 출간할 수 있도록 제안하고 도와주신 한국학술정보에 감사드리며, 이 책을 편집하신 박주선님께 감사드린다. 그리고 이 책의 내용을 풍부하게 채울 수 있도록 물심양면으로 도와주신 서울대학교 유근배 교수님과 경희대학교 황철수 교수, 그리고 박의준 박사에게 감사드린다. 이 책의 교정을 도와준 상명대학교 대학원 조형기 학생에게도 고마운 마음을 전한다.

2006년 12월 세검정에서

저자 구자용

목 차

표 목차

그림 목차

제1부
위성영상의 이해

1. 원격탐사의 원리

1) 원격탐사의 정의와 특성

지표면의 지리정보는 인문경관으로부터 자연환경까지 다양하고 방대하다는 특징을 가지고 있다. 이와 같이 방대한 지리정보를 취득하는 가장 효율적인 방법은 지표면의 정보를 공중에서 촬영한 영상을 이용하는 것이다. 원격탐사 기법은 원거리에서 간접적으로 지역을 조사하는 기법으로 주로 항공사진과 위성영상과 같이 공중에서 지상의 모습을 촬영한 자료를 분석하여 필요한 지리정보를 획득하는 기법이다. 원격탐사 기법을 이용하면 지표면의 다양한 정보를 신속하고 정확하게 취득할 수 있으며, 가장 최신의 정보를 취득할 수 있다. 원격탐사 기법은 군사목적과 지도제작 목적 등으로 지리정보시스템보다 먼저 개발되었으나, 지리정보시스템과의 결합으로 그 이용가치가 더욱 높아지고 있다. 지리정보시스템에 필요한 지리정보를 원격탐사 기법으로 제공함으로써 시스템은 최신의 정보를 취득할 수 있게 되었으며, 원격탐사 기법의 발달로 다양한 지리정보를 시스템에 공급할 수 있게 되었다.

원격탐사는 높은 상공에서 지상의 정보를 취득하기 때문에 넓은 지역을 동시에 관측할 수 있다. 위성영상의 경우 궤도에 따라 일정하게 위성이 운영되므로 같은 지역에 대한 주기적인 관측이 가능하고 최근 자료를 손쉽게 취득할 수 있다. 수집된 원격탐사 영상은 컴퓨터에서 바로 이용될 수 있는 데이터로 저장되어 지리정보로 변환되어 분석된다. 또한 원격탐사 영상을 이용하여 다양한 지리정보를 추출할 수 있다. 대표적인 주제정보로는 토지이용현황, 지표면 온도분포, 녹지공간 분포 등이 있다. 원격탐사 자료로부터 추출한 각종 주제정보는 지리정보시스템의 주요 자료원으로 이용될 수 있으며, 이미 구축된 GIS 자료를 효과적으로 갱신할 수 있다.

초기에는 항공기에서 촬영한 사진의 분석과 처리가 원격탐사의 목적이었다. 1970년대 위성이 활용된 이후에는 위성으로부터 촬영한 영상이 본격적으로 이용되기 시작하였다. 최근에는 다양한 위성에서 촬영한 영상들로부터 다양한 지리정보를 수집할 수 있게 되었다. 현재는 위성영상을 판독하고, 이로부터 지표면의 정보를 취득하는 다양한 기법이 개발되어 있다.

특히 최근에는 1m까지의 지상물체를 식별할 수 있는 고해상도 위성영상이 등장하여 도시와 같이 좁은 공간에 다양한 지리정보가 밀집되어 있는 경우에도 지리정보를 쉽게 추출할 수 있게 되었다. 이러한 고해상도 영상의 등장에 따라 상세한 영상을 위성으로부터 주기적으로 획득할 수 있게 되었고, 원격탐사를 이용한 연구도 더욱 활기를 띠게 되었다.

2) 원격탐사의 기본원리

원격탐사의 원리는 사람의 눈으로 물체를 판단하거나 글을 읽어 정보를 취득하는 원리와 유사하다. 사람의 눈은 대상물을 직접 접촉하지 않고서 대상물의 크기나 색상, 모양 등을 감지하여 사람의 뇌에 전달한다. 사람의 뇌는 이러한 정보들을 종합하여 대상물에 대한 판단을 하게 된다. 이러한 원리와 마찬가지로 원격탐사에서 촬영한 사진이나 영상은 사람의 눈의 역할을 하게 되며, 영상의 정보를 종합하여 지리정보를 획득하는 영상의 처리과정이 사람의 뇌의 역할을 한다. 원격탐사의 기본원리는 〈그림 Ⅰ-1〉과 같다. 그림에서 (a)부터 (f)의 단계가 영상을 획득하는 원리이며 (g)부터 (i)의 단계가 영상으로부터 정보를 획득하는 단계이다. 지표면의 영상은 전자기파 에너지를 이용하여 작성된다. 전자기파 에너지는 그림 (a)와 같이 대부분 태양으로부터 습득된다. 태양에너지는 그림 (b)와 같이 대기를 통하여 지표면에 도달하며, 지표면에서는 그림 (c)와 같이 물체의 특성에 따라 특정 전자기파를 흡수, 투과, 또는 반사한다. 이때 반사된 전자기파와 지구자체로부터 방출되는 전자기파가 그림 (d)와 같이 대기를 통하여 센서에 도달한다. 그림 (e)와 같이 위성이나 항공기에 탑재된 센서는 이러한 전자기파를 수집하여 그림 (f)와 같은 영상자료를 생성한다. 이러한 단계가 영상자료를 획득하는 단계이며, 마치 사람의 눈이 영상을 취득하는 것과 같은 원리이다.

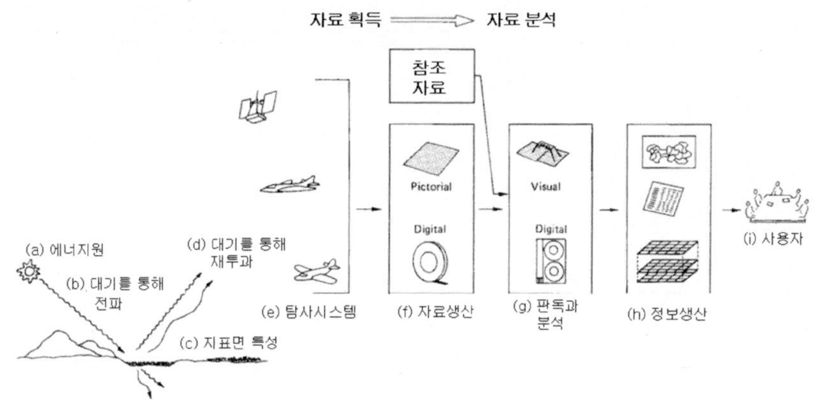

출처: Lillesand and Kiefer. 1994. 2.

〈그림 I-1〉 원격탐사의 기본원리

전자기파를 수집하여 획득한 영상은 그림 (g)와 같이 사람이나 컴퓨터에 의해 판독 또는 분석되며, 그 결과 그림 (h)와 같은 지리정보를 생산할 수 있다. 생산된 지리정보는 그림 (i)와 같이 다양한 분야의 사람들에게 이용되어 의사결정의 보조도구로 활용되고 있다. 영상 획득 이후의 단계가 영상자료를 분석하여 정보를 추출하는 단계로 사람의 뇌의 역할을 한다. 원격탐사는 영상의 취득부터 해석까지 지리정보를 획득하여 정보로 이용하는 모든 단계를 포함하고 있다.

3) 전자기파의 수집원리

원격탐사의 원리를 이해하기 위해서는 전자기파의 성질을 이해하여야 한다. 모든 물질은 태양으로부터 생성되어 나오는 전자기파를 반사하거나 자체적으로 전자기파를 뿜어내고 있다. 우리의 주위에는 이러한 전자기파로 둘러싸여 있으며, 이러한 전자기파를 획득한 자료가 바로 사진 또는 영상이다.

물리학에서는 빛과 같은 전자기파를 두 가지 가설로 파악하고 있다. 양자설과 파동설이 그것이다. 양자설이란 전자기파가 작은 입자인 양자로 구성되어 있다는 설이고, 파동설은 전자기파가 파도와 같은 파형운동을 한다는 설이다. 이 두 가지 가설을 종합하면 전자기파의 특성을 파악할 수 있다. 파동설에 의하면 전자기파는 다음과 같은 특성을 가진다.

$$c = v\lambda$$

여기서 c는 상수(3×10^8m/sec)이며, v는 주파수, λ는 파장을 뜻한다. 즉, 파장과 주파수는 반비례 관계에 있다. 또한 양자설에 의하면 전자기파는 다음과 같이 정의된다.

$$Q = hv$$

여기서 Q는 양자의 에너지량을 뜻하며, h는 플랭크 상수(6.626×10^{-34} J sec), v는 주파수를 뜻한다. 즉 에너지량은 주파수와 비례한다. 이 두 가지 식을 연립하면 다음의 식이 도출된다.

$$Q = \frac{hc}{\lambda}$$

여기서 h와 c는 상수이므로, 결국 에너지량 Q는 파장 λ와 반비례 관계를 이루게 된다. 즉, 어떤 물체에서 방출되는 전자기파의 파장이 짧을수록 그 물체의 에너지량은 커지며, 반대로 파장이 길수록 물체의 에너지는 작다. 이와 같이 물체에서 방출되는 전자기파를 측정함으로써 그 물체의 에너지양을 파악할 수 있다.

물체의 에너지량과 방출되는 전자기파의 관계는 Stefan-Boltzmann의 법칙으로 정의된다. 이 법칙의 수식은 다음과 같다.

$$M = \sigma T^4$$

여기서 M은 물체 표면에서 나오는 단위면적·단위시간당 총 방사에너지이며, σ는 Stefan-Boltzmann 상수(5.6697×10^{-8} $Wm^{-2}K^{-4}$)이며, T는 물체의 절대온도(K)이다. 즉, 물체의 온도가 높을수록 에너지를 방출하며, 이는 전자기파의 형태로 나타난다. 이 법칙을 위의 전자기파 원리와 결합하면 다음의 수식이 도출된다.

$$\lambda = \frac{A}{T}$$

여기서 A는 상수(2898 μm K)이다. 따라서 물체의 절대온도와 전자기파의 파장은 반비례 관계에 있다. 물체의 절대온도와 파장과의 관계는 〈그림 Ⅰ-2〉와 같이 표현된다. 그림과 같이 물체의 온도가 높을수록 짧은 파장으로 전자기파를 방사하며 물체의 상태에 따라 전자기파는 파장이라는 특성으로 표현하고 있다.

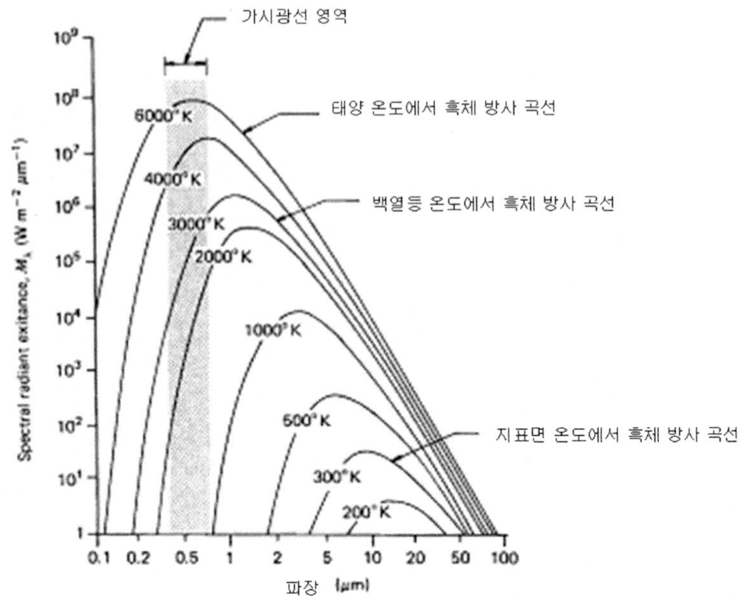

출처: Lillesand and Kiefer. 1994. 8.

<그림 Ⅰ-2> 물체의 에너지와 전자기파 파장의 관계

절대온도 0°K(-273℃) 이상인 모든 물체는 끊임없이 전자파에너지를 방사한다. 따라서 지표상의 모든 물체는 태양처럼 하나의 방사에너지원이라고 할 수 있다. 이외에도 백열등, 레이다와 같이 인위적으로 생성하는 에너지원도 있다. 그러나 원격탐사에서 가장 많이 이용되는 전자파 방사의 주 에너지원은 바로 태양이다. 태양으로부터 방출되는 전자기파를 이용하여 물체의 특성을 파악하게 된다.

위에서 살펴본 바와 같이 전자기파는 파장에 따라 그 성격이 달라지며, 파장별 반사도에 의해 물체의 특성을 파악할 수 있다. 전자기파의 파장 범위는 <그림 Ⅰ-3>과 같다. 그림과 같이 전자기파는 10^{-6} μm의 단파로부터 10^{5} μm의 장파에 이르기까지 다양하다. 이를 전자기파 스펙트럼이라 한다. 우리가 소위 빛이라 부르는 가시광선은 그중에서 0.4 μm ~ 0.7 μm의 전자기파이다. 가시광선보다 파장이 짧을 경우 자외선이라 하며, 파장이 길 경우 적외선이라 한다. 자외선보다 파장이 짧으면 X선, 감마선까지 있으며, 파장이 길면 마이크로파, 레이더파, 라디오파까지 범위가 있다. 전자기파와 에너지원의 관계와 같이 전자기파의 파장이 짧으면 에너지가 높으며, 파장이 길면 에너지가 작다. 따라서 전자기파가 우리의 눈에 보이는 가시광선까지 파장이 짧기 위해서는 매우 많은 에너지를 필요로 한다. 우리의 눈에 불이 보이는 이유는 물체의 에너지가 상승함에 따라 방출되는 전자기파의 파장이 결국 가시광선 길이까지 짧아져 우리의 눈에 보이기 때문이다.

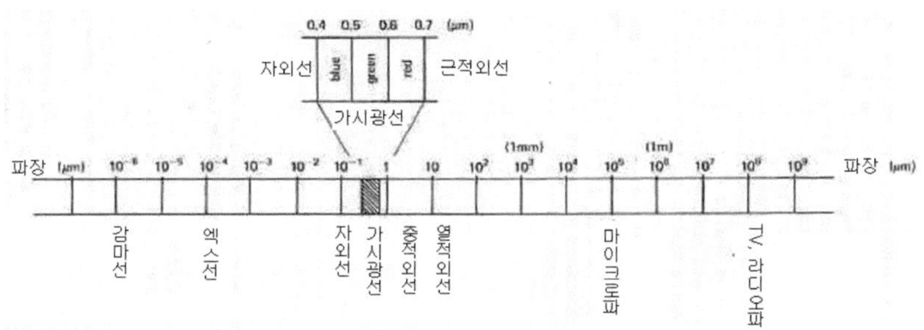

출처: Lillesand and Kiefer. 1994. 5.

〈그림 Ⅰ-3〉 전자기파 파장의 종류

원격탐사에서는 응용분야에 따라 필요한 파장대의 영상을 이용한다. 예를 들어 가시광선 파장대는 연안수 조사나 엽록소에 따른 식생의 구분 등에 이용되며, 근적외선 파장대는 육역과 수역의 구분, 토양과 식생의 구분, 농작물의 작황조사 등에 이용된다. 중적외선 파장대는 지질학적 연구나 광물조사에 이용되며, 열적외선 파장대는 지표의 온도조사에 이용된다. 장파인 마이크로파는 레이더와 같이 센서 자체에서 전자파를 발사하고 물체에 반사된 결과를 수집할 때 이용된다.

4) 대기에 의한 영향

원격탐사에서 전자기파는 태양에서 방사되어 대기를 거쳐 지표면에 도달한 후, 지표면에서 반사된 에너지가 다시 대기를 거쳐 공중의 센서에 감지된다. 이와 같이 태양으로부터 센서에 이르기까지 전자기파의 이동과정에서 대기를 두 차례 통과하게 된다. 그런데 대기에는 수증기, 이산화탄소, 오존 등 다양한 기체가 있어 전자기파가 그대로 통과할 수 없다. 전자기파는 대기를 거치면서 특정 파장대는 흡수되거나 산란, 또는 반사되어진다. 이와 같이 대기가 전자기파에 미치는 효과를 대기의 영향이라 한다. 대기의 영향에는 흡수와 산란이 있다.

흡수란 대기 중의 기체물질이 특정한 파장대의 전자기파를 흡수하는 작용이다. 이러한 흡수효과에 의하여 다양한 파장의 전자기파 중 일부 파장대의 전자기파만을 관측할 수 있다. 이와 같이 관측가능한 파장대를 대기의 창(atmospheric window)이라고 한다. 〈그림 Ⅰ-4〉는 대기의 영향에 따라 관측이 가능한 특정한 파장대를 보여주고 있다. 대기의 영향에 의해 자외선 대부분과 적외선 부분은 차단되어 관측이 불가능하다.

산란이란 대기 중의 기체에 특정 파장대의 전자기파가 충돌하여 퍼지는 작용이다. 일반적으로 파장이 짧은 전자기파가 산란된다. 대표적인 산란작용이 대기의 분자에 영향을 받는 Rayleigh 산란이다. 이러한 영향으로 가시광선의 청색 파장대가 산란되어 하늘이 푸르게 보이는 것이다. 또한 저녁노을의 경우 태양고도가 낮아지면서 대기 중의 미립자에 의해 전자기파의 적색 파장이 산란되어 붉은 하늘이 나타나기도 한다. 그 밖에 대기 중의 수증기와 먼지의 영향으로 나타나는 Mie 산란, 그리고 안개나 구름 등의 물방울의 영향으로 나타나는 Nonselective 산란 등이 있다.

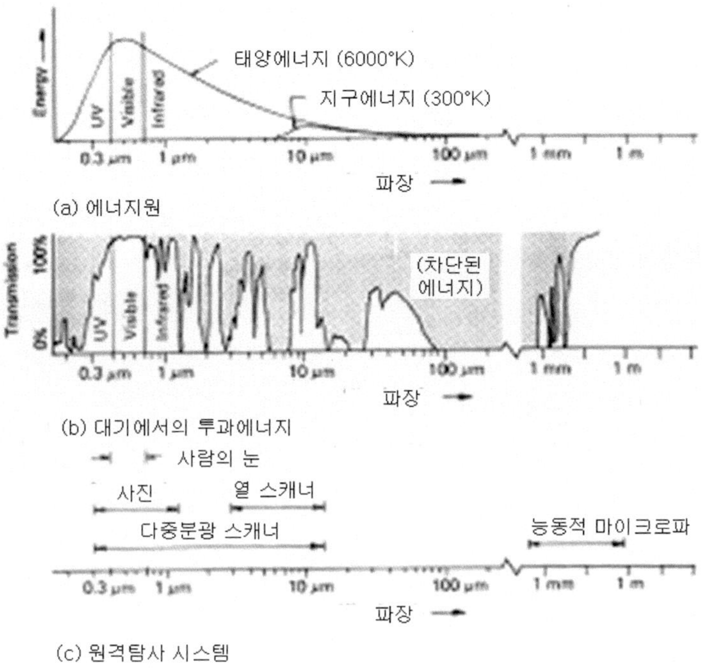

출처: Lillesand and Kiefer. 1994. 11.

〈그림 Ⅰ-4〉 대기의 영향에 따른 분광특성

5) 물체의 분광특성

물체는 입사된 전자파에너지를 반사, 흡수, 투과시키며, 또는 자체적인 전자기파를 방사한다. 원격탐사는 이 중에서 반사 또는 방사되는 에너지를 취득한다. 이때 물체의 특성에 따라서 전자기파 중에서 특정 파장은 반사되거나 특정 파장은 흡수된다. 즉, 물체마다 고유한 반사 또는 방사 특성을 나타내며, 이것은 파장에 따라 다르게 적용된다. 우리의 눈에 색상이 보이는 원리도 이러한 파장대별 반사특성에 따른 것이다. 예를 들어 식물이 녹색으로 보이는 이유는 식물이 녹색 파장대(0.6㎛)가 다른 파장대에 비하여 반사가 잘 되기 때문이다. 이와 같이 물체의 특성에 따라 각각 다른 전자기파를 반사하는 원리를 물체의 분광특성이라 한다. 〈그림 Ⅰ-5〉의 경우와 같이 토양, 식생, 물이라는 세 가지의 각각 다른 물체는 파장대에 따라 분광특성이 다르다. 물의 경우 가시광선만 반사하고 나머지 파장에서는 모두 흡수하는 반면, 식생의 경우 녹색의 파장대에 반사도가 높았다가 적외선 파장에서는 많은 양을 반사하고 있어 분광특성이 다르게 나타나고 있다. 이러한 원리에 기초하여 영상에 나타난 물체의 분광특성에 따라 물체를 구별할 수 있다. 즉 물체의 모양과 크기뿐만 아니라 색상을 통해서도 물체를 구별할 수 있다.

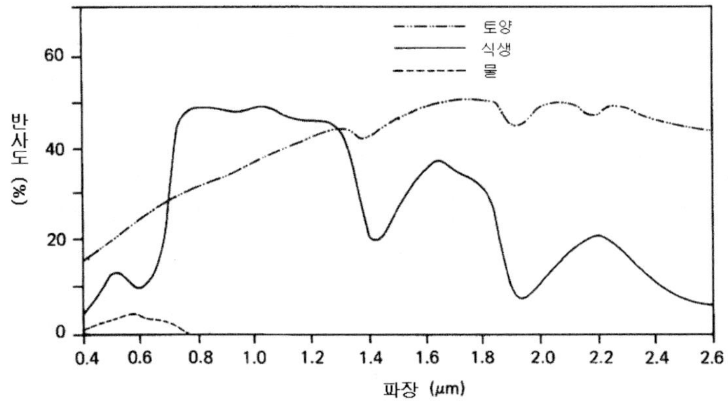

출처: Lillesand and Kiefer. 1994. 18.

〈그림 Ⅰ-5〉 토양, 식생, 물의 전형적인 분광반사율 곡선

모든 물체마다 고유한 분광특성이 있기 때문에 분광특성을 파악한다면 물체를 직접 관측하지 않아도 그 물체를 판별할 수 있다. 그러나 물체의 분광특성을 파악하기란 쉽지가 않다. 같은 물체라도 물체의 상태(함수량, 활력도 등)에 따라 반사율이 다르게 나타나며, 같은 물체라도 공간적 위치(spatial effect)나 관측시기(temporal effect)에 따라 다르기

때문이다. 따라서 모든 물체마다 분광특성을 파악하여 이를 일률적으로 적용할 수는 없다. 즉, 물체의 분광특성만으로는 대상물을 정확히 파악할 수 없다. 이러한 점 때문에 위성영상과 같은 원격탐사 영상은 컴퓨터 프로그램에 의해 자동으로 정보를 파악할 수 없으며, 영상을 정확하게 분석하기 위해서는 대상물에 대한 참조자료가 필요하다.

2. 위성영상의 종류와 특성

1) 위성영상의 특성구분

원격탐사는 지표면의 사상을 항공기나 위성에 탑재한 센서로 촬영하여 그 특성을 파악하는 분야이다. 원격탐사는 탑재된 센서의 특성에 따라 취득되는 영상이 구분된다. 위성영상은 해상도(resolution)에 따라 그 특성이 구분된다. 위성 센서는 그 특성에 따라 지표면의 정보를 취득할 수 있는 해상도가 다르며, 해상도에 따라 영상의 질과 양이 좌우된다. 일반적으로 해상도에는 공간해상도(spatial resolution)와 분광해상도(spectral resolution), 그리고 시간적 해상도(temporal resolution) 등이 있다.

(1) 공간해상도(spatial resolution)

공간해상도란 주어진 고도와 특정한 촬영폭과 시간에서 어떤 센서가 지표면의 반사도를 측정할 수 있는 가장 작은 단위를 뜻한다. 공간해상도는 보통 미터 단위로 표현되는데 AVHRR과 같이 해상도가 낮은 센서의 경우 킬로미터 단위로 표현된다. 다른 모든 조건들이 같다면 1m 해상도의 센서는 맨홀과 같은 작은 사상도 식별할 수 있으며, 10m 해상도의 센서는 가옥이나 빌딩을 식별할 수 있다. 그러나 공간해상도는 분광해상도와 결합되어 실질적인 해상도로 표현된다. 촬영을 할 때 대상물 주위와의 색의 대비(contrast)나 색상 등이 잘 구별되는지, 혹은 특정 파장대에서 구분이 잘 되는지 등에 따라 공간해상도는 달라질 수 있다.

위성에 탑재된 센서는 지표면을 스캔(scan)해 가면서 영상을 제작한다. 이때 센서에서 한번에 읽을 수 있는 영역을 IFOV(instantaneous field of view)라 하며, 센서에서의 각도로 표현된다. 〈그림 Ⅰ-6〉과 같이 센서에

서 감지할 수 있는 전체 지표면의 크기를 센서로부터의 각도로 표현하는
데, 이를 FOV(Field of view)라 한다. IFOV는 FOV 내에서 센서가 동시
에 감지할 수 있는 최소 크기를 나타낸다. 이는 센서의 광학 시스템과 탐
지기의 크기로 결정된다. 일반적으로 반사 혹은 방사 에너지가 탐지기로
동시에 초점이 맞추어지는 원뿔의 각도로 표현된다. IFOV에서 탐지되는
지표면은 지름 D를 가진 원으로 측정된다. D는 다음과 같이 계산된다.

$D = H'\alpha$

여기서 H'는 비행고도이며, α는 IFOV이다.

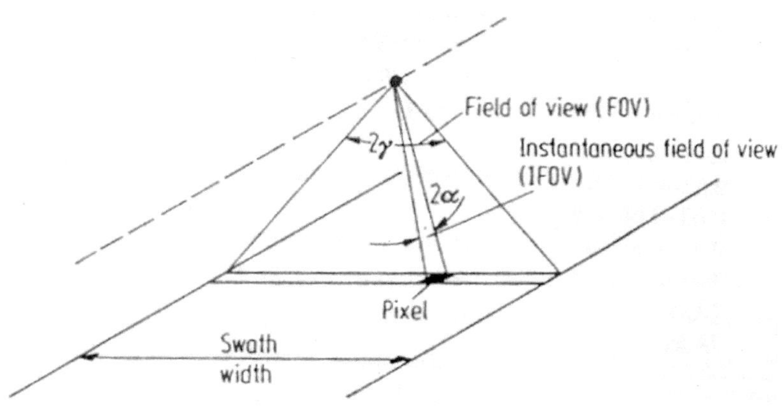

출처: Richards. 1993. 24

〈그림 I-6〉 FOV와 IFOV

IFOV에 의해 지상에서 계산되는 D의 값을 공간해상도라 볼 수 있다.
한번에 측정되는 지표면의 부분을 해상도(resolution) 혹은 셀(cell)이라
한다. 따라서 공간해상도를 결정하는 요소는 IFOV와 비행고도라 할 수
있다. IFOV가 작을수록, 그리고 비행고도가 낮을수록 공간해상도는 조
밀하게 표현될 수 있다.

원격탐사에서 연구자가 필요한 공간해상도는 다음과 같은 기준에 의해 결정할 수 있다. 첫째, 목표가 되는 두 점을 구분할 수 있어야 한다. 둘째, 작지만 형체가 있는 사상의 크기를 측정할 수 있어야 한다. 셋째, 주기적으로 반복되는 지표현상을 측정할 수 있어야 한다. 넷째, 광학시스템의 기하학적 속성을 기본으로 측정할 수 있어야 한다.

공간해상도를 단순히 센서에서 감지할 수 있는 지상면적이라고 정의할 수는 없다. 공간해상도는 다양한 요인이 복합되어 결정된다. 센서의 위치, 화소의 표본추출(sampling), 영상이 흐려지는 요소들, 잡음(noise), 지형적 요인 등이 공간해상도를 결정하는 복잡한 요인이 된다. 공간해상도보다 작은 지상물체에 대한 정보도 주위의 상황이나 배경을 통해 추론할 수 있다. 또한 같은 영상이라도 연구자의 목적과 배경에 따라 각자 다른 정보를 취득할 수 있다.

(2) 분광해상도(spectral resolution)

분광해상도란 반사 혹은 방사 에너지의 스펙트럼 속에서 센서가 감지하고자 하는 파장범위의 해상도를 의미한다. 에너지 스펙트럼은 에너지의 파장크기에 따라 자외선에서 마이크로웨이브까지 연속적으로 이루어져 있다. 센서는 스펙트럼의 일정부분만을 밴드 혹은 채널로 분리하고, 해당 밴드에서의 반사도의 세기를 수치로 표현한다. 센서의 특징에 따라 하나의 밴드가 차지하는 파장의 범위와 밴드의 수가 상이하다. 일반적으로 하나의 밴드가 차지하는 파장의 범위가 작고 밴드의 수가 많을수록 분광해상도가 좋다고 할 수 있다.

그러나 공간해상도와 마찬가지로 분광해상도 역시 다른 요인들과 관련되어 특징지어진다. 가장 중요한 부분은 필요한 공간현상을 탐지하기 위한 분광채널을 찾는 과정이다. 이를 위해서는 탐지하고자 하는 지상물체의 분광특성을 파악하여야 한다. 물체는 그 특성에 따라 각자 다른 에너지 스펙트럼을 반사 또는 방사한다. 따라서 탐지하고자 하는 물체의 분광특성을 파악하고, 물체의 분광특성을 가장 잘 드러내는 분광채널에서 영상을 취득하여야 목표물을 정확히 해독할 수 있다. 예를 들면 식생의 경우 적색 분광채널에서는 적은 반사도를 보이다가 적외선 분광채널에서는 매우 높은 반사도를 보인다. 적생 분광채널과 적외선 분광채널을 이용하면 식생을 잘 파악할 수 있다.

(3) 라디오미터 해상도(radiometric resolution)

센서는 지상물체가 반사 혹은 방사하는 에너지 스펙트럼에서 일부 밴드에서의 에너지의 세기를 감지하여 기록한다. 이때 에너지의 세기를 정밀하게 측정하는 정도를 라디오미터 해상도라 한다. 컴퓨터에서는 수치를 2진수로 기록하기 때문에 라디오미터의 정밀도는 2진수의 자릿수 즉 bit 단위로 표현된다. 예를 들어 6bit의 라디오미터 해상도를 가진 센서는 0부터 127까지 128가지 숫자로 표현되며, 8bit의 라디오미터 해상도를 가진 센서는 0부터 255까지 256가지 숫자로 표현된다. 라디오미터 해상도가 좋을수록 반사도를 표현할 수 있는 범위가 넓어지며, 낮은 라디오미터 해상도에서 비슷한 반사도를 가진 물체들도 높은 라디오미터 해상도에서는 다른 반사도를 가지게 되어 물체를 구분하여 표현할 수 있다. LANDSAT MSS의 경우 6bit의 라디오미터 해상도롤 영상을 표현하였으나 LANDSAT TM이나 SPOT 영상의 경우 8bit로 영상을 표현하고 있다.

(4) 시간적 해상도(temporal resolution)

대부분의 GIS 연산에서는 시간에 따른 변화를 주요 연구주제로 다루고 있다. 즉 어떤 문제의 동적인 속성(dynamic attribute)을 주요 대상으로 다루고 있다. 시간에 따른 변화를 탐지하기 위해서는 주기적으로 같은 지역에 대한 지리정보가 구축되어야 한다. 항공사진의 경우 비행과 촬영을 일정기간 반복하여야 하므로 많은 비용이 소요된다. 그러나 위성영상의 경우 일정주기로 반복하여 궤도를 운영하는 위성의 특성 때문에 주기적인 영상을 쉽고 저렴하게 취득할 수 있다. 위성영상은 주기적인 취득이 가능하기 때문에 많은 응용분야에서 이용되고 있다. 대표적인 자원탐사위성인 LANDSAT의 경우 18일을 주기로 같은 지역의 영상을 취득하고 있으며, SPOT의 경우 26일을 주기로 같은 지역의 영상을 취득하고 있다. 동일 지역에 대하여 시간적인 변화를 연구할 경우 대상지역 자료의 시간적인 간격을 시간적 해상도라 한다. 위성영상의 경우 위성주기를 시간적 해상도라 할 수 있으며, 다른 자료의 경우 사용가능한 과거의 지리정보 자료들의 시간적 간격을 시간적 해상도라 한다. 그러나 위성영상의 경우도 시간적인 주기를 보장할 수는 없다. 영상촬영시 기상상태나 위성센서의 상태에 따라 분석이 불가능한 영상이 취득될 수 있기 때문이다. 일반적으로 시간적 해상도란 연구자가 시간적 변화를 탐지하기 위하여 설정한 기간과, 분석을 위해 사용이 가능한 자료의 시간적 기간을 통칭한다.

2) 1990년대 이전의 위성영상 현황

우리의 주위에서 운영하고 있는 위성은 크게 통신위성, 기상위성, GPS위성, 그리고 원격탐사위성 등으로 나누어진다. 이중에서 자원탐사위성은 지표면의 정보를 수집하기 위하여 운영되는 위성으로 과거에는 주로 군사목적의 첩보위성이 주를 이루었으나 지금은 자원의 조사와 지도의 제작과 지리정보의 획득을 목적으로 운영되고 있다. 1990년대 이전에 운영되었던 위성영상의 특성은 〈표 Ⅰ-1〉과 같다.

〈표 Ⅰ-1〉 1990년대 이전 위성영상의 특성

위성이름	센서명	공간해상도 (m)	분광해상도 (μm)	라디오미터 해상도(bit)	시간해상도 (위성주기일)
Corona (KH-1..6)	아날로그	1.8 – 140	가시광선		?
NOAA	AVHRR	1100	1:0.58-0.68(가시광선) 2:0.73-1.1(근적외선) 3:3.6-3.9(열적외선) 4:10.3-11.3(열적외선) 5:11.5-12.4(열적외선)	8	6시간 (하루 4회)
LANDSAT-5	MSS	79	1:0.5-0.6(녹색) 2:0.6-0.7(적색) 3:0.7-0.8(근적외선) 4:0.8-1.1(근적외선)	6	16
	TM	30 (밴드6:120)	1:0.45-0.52(청색) 2:0.52-0.60(녹색) 3:0.63-0.69(적색) 4:0.76-0.90(근적외선) 5:1.55-1.75(중적외선) 6:10.4-12.5(열적외선) 7:2.08-2.35(근적외선)	8	16
SPOT-4	PAN	10	0.51-0.73(가시광선)	8	26
	XS	20	1:0.50-0.59(녹색) 2:0.61-0.68(적색) 3:0.79-0.89(근적외선)	8	26
MK-4 MK-1000	아날로그	2 8	가시광선		?

(1) Corona 영상

초창기의 위성영상은 군사적 목적의 첩보위성이 주를 이루었다. 1959년 첩보위성이 운영된 이후 미국에서는 전 세계를 대상으로 위성영상을 촬영하였다. Conora 영상은 1959년부터 1972년까지 미국에서 첩보의 목적으로 촬영한 영상들을 일컫는다. 이들 영상은 1995년에 클린턴 행정부에서 정보 공개를 결정함에 따라 1996년과 2000년 두 차례에 걸쳐 미국지질조사소(USGS)에서 공개하여 일반에게 제공하고 있다. 13년의 기간동안 KH(KeyHole)라는 별칭의 위성이 1호부터 6호까지 운영되었으며 전 세계를 대상으로 86만장 이상의 영상이 촬영되었다. 이들 영상은 필름에 인화한 아날로그 방식이며 전정색의 흑백영상이다. 공간해상도는 KH-1에서 KH-4 영상의 경우 25 feet(7.52m), KH-4A 영상의 경우 9 feet(3.3m), KH4B 영상의 경우 6 feet(1.8m), KH-5 영상의 경우 460 feet(140m), KH-6 영상의 경우 6 feet(1.8m) 이다. 오늘날 제공되는 고해상도 위성영상의 공간해상도가 1m이므로, 지금의 영상과 비교하여도 손색이 없는 높은 해상도의 영상을 제공하였다.

(2) NOAA(National Oceanic and Atmospheric Administration) 영상

NOAA는 미국 해양기상청에서 운영하고 있는 위성이다. 이 위성은 해양과 기상 부문의 자료를 취득하는 목적으로 개발되었다. 그러나 NOAA에 장착된 AVHRR(Advanced Very High Resolution Radiometer) 센서는 1km에서 4km까지의 공간해상도의 영상을 제공하고 있다. 즉 대륙규모의 환경정보 자료를 수집하거나 대륙단위의 지도를 작성할 때 널리 이용되고 있다. AVHRR 영상은 5개의 밴드로 구성되어 있는데 모두 적외선 영역으로 구성되어 있다. 특히 3개의 열적외선 밴드가 포함되어 있어, 토양, 식생, 지표온도, 지질 등과 같은 환경정보의 수집에 효과적이다. NOAA 위성의 특징은 시간해상도가 매우 상세하다는 점이다. NOAA

위성은 현재 14호와 15호의 두 대의 위성이 운영되고 있는데, 이들 위성은 101분마다 1회, 즉 24시간 동안 14회 궤도를 선회한다. 따라서 같은 지역이 약 6시간의 간격으로 하루에 최소 4회 촬영된다. 일반적인 위성이 20일 이상의 촬영주기를 갖는 데 비하여 NOAA 위성은 매일 4회 이상의 영상이 제공되고 있다. 이와 같이 NOAA 위성은 시간해상도가 매우 우수하기 때문에 낮은 공간해상도에도 불구하고 널리 이용되고 있다.

(3) LANDSAT

1967년 미국 항공 우주국(NASA)에서는 효율적인 지구의 자원관리를 위해 자원탐사위성을 발사하기로 결정하고, 1972년에 첫 위성인 ERTS-1 (Earth Resource Technology Satellites)을 발사하였다. ERTS-1은 자원탐사 이상의 여러 가지 효용이 있음이 발견되었으며, LANDSAT으로 개명되어 현재에는 LANDSAT 7호에 이르고 있다. 1972년부터 1978년까지 발사된 초기의 위성인 LANDSAT 1호에서 3호에는 RBV(Return Beam Vidicon)와 MSS(Multi-Spectral Scanner) 센서를 탑재하였으며, 1984년 발사된 LANDSAT 5호에는 MSS와 TM(Thematic Mapper) 센서를 탑재하였다. 1999년 발사된 LANDSAT 7호에는 공간해상도가 향상된 ETM+(Enhanced Thematic Mapper Plus) 센서를 탑재하고 있다. 현재는 LANDSAT 5호와 7호에서 촬영한 MSS, TM, ETM+ 영상이 이용되고 있다. MSS 센서는 4개의 밴드(녹색, 적색, 근적외선 2개)를 가지고 있으며 공간해상도는 80m이다. 반면, TM 센서는 7개의 밴드(청색, 녹색, 적색, 근적외선, 중적외선 2개, 열적외선)를 가지고 있으며, 공간해상도는 30m(열적외선 밴드는 120m)로, MSS에 비하여 공간해상도와 분광해상도가 크게 향상되었다. LANDSAT 7호에 탑재된 ETM+ 센서는 열적외선의 공간해상도가 60m로 향상되었으며, 새로이 추가된 전정색 밴드는 15m의 공간해상도를 가지고 있어 더욱 좋은 영상을 제공하고 있다.

(4) SPOT

프랑스에서는 SPOT(System Pour l'Observation de la Terre) 위성을 발사하여 운영하고 있다. SPOT 위성은 1986년 1호가 발사된 이후 현재 5호까지 발사되어 운영되고 있다. SPOT 위성은 LANDSAT 영상에 비하여 공간해상도가 향상되었고 입체영상기능을 제공하고 있는 것이 특징이다. SPOT 위성에 탑재된 센서인 HRV(High Resolution Visible)은 전정색 모드(panchromatic mode)에서 공간해상도가 10m이며, XS모드(multispectral mode)에서는 3개의 밴드(녹색, 적색, 근적외선 밴드)에서 각각 공간해상도가 20m이다. 또한 지상목표물을 ±27°의 비스듬한 각도로 관측할 수 있는 기능을 가지고 있다. 즉 같은 지역을 다른 각도로 촬영할 수 있다. 하나의 지역을 다른 각도에서 촬영한 두장의 영상을 입체영상이라 한다. 입체영상을 이용하여 대상지역의 고도와 같은 입체자료를 취득할 수 있다. 이러한 특징 때문에 SPOT 위성영상에 사진측량 기법을 도입하여 약 1:50,000 축척의 지형도를 제작할 수 있다. 그러나 SPOT 위성은 LANDSAT 영상에 비하여 밴드의 수는 상대적으로 작기 때문에 분광해상도는 다소 떨어진다고 할 수 있다. 2002년 발사된 SPOT 5호는 전정색 모드에서 2.5m로, XS 모드에서 10m로 각각 공간해상도가 향상되었다.

(5) 러시아 위성

러시아는 냉전시대에 미국과 더불어 다양한 첩보위성을 개발하여 왔다. 그러나 냉전시대의 종식과 경제사정의 악화로 기존의 첩보위성의 역할을 연구와 상업용으로 전환하여 다양한 고해상도 위성영상을 판매하고 있다. 러시아 위성영상은 대부분 지상의 영상을 필름으로 촬영하고 이를 현상하여 분석하는 아날로그 방식이었다. 대표적인 위성영상으로는 KVR-1000과 MK-4가 있다.

KVR-1000은 러시아의 대표적인 고해상도 위성영상이다. KVR-1000은 1000㎛ 렌즈를 사용하여 2m 공간해상도를 갖는 전정색 영상을 제공한다. 필름의 크기는 180×720 mm로, 1:220,000 축척에서 158×40 km 크기의 구역을 촬영할 수 있다. 디지털로 변환된 영상에서 공간해상도는 약 2m를 가지고 있어, 상용위성이 등장하기 이전까지는 가장 좋은 해상도의 영상이라 할 수 있다.

KVR-1000이 단일밴드의 흑백영상인 반면 MK-4는 다중밴드의 컬러영상을 제공하고 있다. MK-4는 공간해상도가 8m로 상대적으로 낮은 대신 다중밴드의 영상을 취득할 수 있다. 즉 여러 가지 분광채널에서 영상을 촬영하기 때문에 천연색 컬러 영상을 제작할 수 있으며, 이를 이용하여 각종 지리, 환경정보를 취득할 수 있다. MK-4는 300㎛ 렌즈를 사용하여 6~8m 공간해상도를 갖는 다중밴드의 영상을 제공한다. 필름의 크기는 180×180 mm로, 144×144 km 크기의 구역을 촬영할 수 있다. 또한 영상을 촬영할 때 대상지역의 60%를 중첩하여 입체영상의 제작이 가능하다. 입체영상 기능으로 수치고도모델 추출, 정사영상 생산, 지형도 작성 등의 사진측량 기법을 적용할 수 있다.

3) 1990년대 이후의 위성영상 현황

1990년대까지 이용된 영상들은 대부분 10m보다 큰 물체만을 식별할 수 있어, 지표면의 물체에 대한 상세한 모양이나 크기를 파악할 수는 없었다. 그러나 물체의 분광특성을 이용하여 물체가 가지고 있는 특성을 파악하여 지리정보를 취득할 수 있었다. 1990년대 이후에 들어서면서 영상 센서의 발달로 과거의 위성영상에 비하여 공간해상도가 급격히 향상되었다. 또한 과거 냉전시대 군사적인 목적으로 개발, 운영되었던 영상들이 냉전의 해체와 지리정보에 대한 관심의 증가로 일반에게 공개되고 있다. 이러한 추세에 따라 최근에는 다양한 고해상도 위성영상들이 등장하고 있다.

현재 지구상에서 운영 중이거나 계획 중인 주요 고해상도 위성의 종류와 특성은 〈표 Ⅰ-2〉와 같다. 1995년에 발사된 인도의 IRS-1C 영상을 시작으로 다양한 고해상도 영상들이 디지털 자료형태로 제공되고 있다. 특히 미국의 경우 위성영상의 상용화가 진행되어 다양한 위성영상들이 각각 독특한 특징을 가지면서 일반에게 제공되고 있다. 1999년 미국에서 발사된 IKONOS 위성은 최초의 상업용 고해상도 위성이다. IKONOS 영상을 시작으로 다양한 고해상도 위성영상이 활용되기 시작하였다. 우리나라에서도 2004년 12월에 항공우주연구원과 이스라엘의 엘롭(ELOP)사가 공동으로 1m 해상도의 고해상도 위성센서를 개발하였다. 즉, 공간해상도를 전정색은 1m, 다중분광 영상은 4m로 향상시켜 외국의 상업용 영상과 견줄 수 있는 고해상도의 영상을 제공할 수 있다. 아리랑 2호는 2006년 7월 28일 발사를 성공하였다. 아리랑 2호의 영상을 본격적으로 이용한다면, 가격이 비싼 외국의 위성영상에 비하여 품질도 우수하고 가격도 저렴한 고해상도의 영상을 활용할 수 있을 것으로 기대된다. 이러한 고해상도 위성영상들은 지표면의 상세한 모습을 표현할 수 있기 때문에 도시의 복잡하고 다양한 모습을 효과적으로 취득하고 분석할 수 있게 되었다.

〈표 Ⅰ-2〉 1990년대 이후의 위성영상 현황

위성명	센 서	채 널	공간해상도	방사해상도	발사년도
IRS-1C/D	Panchromatic	1	5m	6bits	1995
LANDSAT-7	Panchromatiz ETut Thenmal	1 6 2	15m 30m 60m	8bits	1999
SPOT-5	MS	3 1 1	10m 10m 5, 2.5m	-	2001
IKONOS-2	MS	1 4	1m 4m(XS)	11bits	1999
QuickBird	MS	1 4	0.61m 2.5m(XS)	11bits	2001
OrbView-4	MS HIS	1 4 280	1m 4m(XS) 8m(HIS)	11bits	2001
KOMPSAT-1 (아리랑 1호)	Panchromatic	1	6.6	8bits	1999
KOMPSAT-2 (아리랑 2호)	MS	1 4	1m 4m(XS)	11bits	2006

(1) IRS-1C

　IRS는 인도의 우주부 산하 인도우주연구 사업단이 주도하는 인도의 지구 관측 위성 프로그램에서 발사한 위성이다. 1988년 3월 IRS-1A호가 발사된 이후 현재까지 총 5기의 IRS 실용 위성이 발사되었으며, 현재 1995년 12월 28일 발사된 IRS-1C와 1997년 9월 29일 발사된 IRS-1D호 가 운영 중에 있다. 특히 IRS-1C가 최초로 5m 해상도의 영상을 제공함 으로써 고해상도 영상의 시대를 개척하였다.

　IRS-1C 위성영상은 지상해상도 5m의 고해상도 영상으로 지형도 제작 과 토지자원 관리 등에 이용되고 있다. 그러나 IRS 위성영상은 공간해상도는 뛰어나지만 전정색(흑백) 영상만을 제공하고 있어 다양한 토지, 환경정보를 취득하기 위해서는 기존의 다중분광 영상과 융합하여 이용하여야 한다. 우리나라에서도 IRS-1C 위성을 이용하여 각종 지형도 제작에 이용하고 있으며, 다른 영상들과 혼합하여 위성영상지도를 제작하고 있다.

(2) IKONOS

IKONOS는 미국 Space Imaging사에서 1999년 11월에 발사한 고해상도 위성이다. IKONOS 위성은 1m 해상도의 전정색 센서와 4m 해상도의 다중분광 센서를 탑재하여 고해상도의 영상을 제공하고 있다.

IKONOS 위성영상은 첩보용으로 사용되는 1m급 고해상도 영상을 처음으로 상용한 제품으로 고도 680km에서 태양동기궤도로 운행한다. 위성영상의 촬영면적은 11km이며, 흑백의 전정색 영상은 1m의 해상도를 가지고 다중분광의 천연색 영상은 4m의 해상도를 가진다. IKONOS 위성의 재방문 주기는 140일 이지만, 센서와 위성체의 회전이 가능하여 원하는 지역을 최고의 해상도로 취득할 수 있다. 기존의 위성들은 일정 궤도를 따라 이동하면서 지상의 물체를 촬영하였으나, IKONOS 영상은 궤도를 따라 이동하다가 고객이 원하는 지역만을 촬영할 수 있다. 즉 기존의 위성영상에 비하여 해상도 측면에서도 향상되었을 뿐만 아니라 고객이 원하는 대상물을 촬영하는 이른바 상품으로서의 역할을 담당하고 있다.

IKONOS 영상은 상품가치를 높이기 위하여 위성에서 촬영한 원영상을 제공할 뿐만 아니라 다양하게 가공한 영상들도 판매하고 있다. IKONOS 영상은 다음과 같이 9가지의 가공된 영상을 취급한다.

① 방사보정: 센서 감도 변화를 보정하기 위해 영상의 대비(Contrast)와 밝기(Brightness)만을 조정한 영상.

② 표준기하보정(GEO): 수평방향의 공간적 왜곡을 보정한 영상. 지구타원체를 모델링한 자료들을 이용하여 하나의 지구타원체로 보정한다.

③ 정밀기하보정: 수평방향의 공간적 왜곡들을 정밀하게 보정한 영상. 지구타원체 모델링 자료와 지상기준점(GCP)을 이용하여 정밀하게 보정한다.

④ 표준정사보정(Reference / Map): 수평방향의 왜곡과 지형에 의한 왜곡을 보정한 영상. 수치고도자료(DEM)와 지구타원체 모델자료를 이용하여 정사투영영상으로 보정한다.

⑤ 정밀정사보정(Pro / Precision / Precision Plus): 수평방향의 왜곡과 지형에 의한 왜곡을 정밀하게 보정한 영상. 지구타원체 모델자료, 수치고도자료과 지상기준점을 이용하여 정밀하게 정사투영 영상으로 보정한다.

⑥ 수치고도자료(DEM): 일정 수평간격마다 고도의 높이를 기록한 자료. 수평간격은 3초, 1초, 30미터, 15미터, 5미터 간격 등 모두 5가지의 계층으로 구분되어 있다.

⑦ Pan-Sharpened: 4m 다중분광 데이터와 1m 전정색 데이터를 융합하여 1m의 공간해상도에 천연색 영상을 표현한 영상.

⑧ 다중분광 처리자료(Band ratio products): NDVI, PCA, Turbidity Index 등 여러 가지 분광밴드들을 처리한 결과 추출되는 자료.

⑨ 이미지 모자이크: 넓은 지역의 영상을 취득하고자 할 때, 여러 장의 영상들을 이어서 모자이크 처리한 영상.

(3) QUICKBIRD

미국의 Earthwatch사에서 추진 중인 고해상도 위성영상으로 공간해상도 70센티미터의 전정색 영상과 2.8 미터의 다중밴드 영상을 제공한다. 70cm의 공간해상도는 지금까지의 고해상도 위성영상 중에서 가장 높다고 할 수 있다. IKONOS 영상의 등장으로 고해상도 위성영상 산업이 확대되면서 더욱 해상도를 강화한 상품이라 할 수 있다.

Quickbird 역시 다양하게 가공된 자료들을 판매하고 있다. 다음과 같이 5가지의 가공된 자료들이 제공되고 있다. Quikbird 영상은 특히 기본 입체쌍 영상을 제공하여 사용자가 직접 DEM 추출이나 정사영상을 제작할 수 있도록 지원하고 있다.

① 기본 영상(Basic image): 최소한의 방사보정과 위성자세와 관련한 기하보정을 적용한 영상

② 기본 입체쌍(Basic stereo pair): 90% 중첩된 기본영상으로 DEM 추출과 정사사진 제작에 사용

③ 표준 영상(standard image): 방사보정과 함께, 지도투영법으로 기하보정한 영상

④ 정사 영상(orthorectified image): 기본 영상을 정사투영하여 왜곡을 보정한 영상

⑤ 강조 영상(sharpened imagery): 전쟁색 영상과 다중밴드 영상을 융합하여 작성한 다중밴드 영상

(4) Orbview 4

미국의 Orbital Imaging사에서 추진 중인 고해상도 위성영상으로 1m 해상도의 전정색 영상과 4m 해상도의 다중밴드 영상을 제공한다. Orbview 영상의 촬영폭은 8km 이며, 필요한 지역은 3일내에 재방문하여 촬영이 가능하다. Orbview 4 영상이 IKONOS나 다른 고해상도 위성영상과 다른 점은 200개 채널의 하이퍼스펙트럴 영상을 제공한다는 점이다. 기존의 고해상도 위성영상들은 공간해상도를 향상하여 1m 내외의 영상을 제공하고 있으나, 분광해상도 측면에서는 4개 밴드 내외만을 가진 빈약한 영상이었다. 이에 반하여 Orbview 영상은 공간해상도뿐만 아니라 분광해상도를 크게 향상하여, 200가지 분광밴드의 영상을 제공하고 있다. 이러한 특징 때문에 Orbview 영상은 대기, 수질정보 등 육안으로는 파악되지 않는 다양한 환경정보를 쉽게 취득할 수 있다는 장점이 있다.

(5) KOMPSAT(아리랑) 1호

항공우주 산업에 적극적으로 참여해온 우리나라에서도 다목적 위성 개발사업(Korea Multi-Purpose Satellite: KOMPSAT)을 추진하여 다목적 위성을 개발, 운영하고 있다. 1999년 발사된 아리랑 1호 위성은 지표면과 대기, 해양의 지리, 환경 정보를 수집하는 목적으로 운영되고 있다. 전자광학카메라(EOC), 해양관측카메라(LRC), 이온층 측정기(IMS), 고에너지 입자 검출기(HEPD)의 4개의 센서를 탑재한 아리랑 1호는 현재 지구궤도를 돌며 지구 관측, 해양관측, 이온층관측, 고에너지입지 검출 등 다양한 자료를 취득하고 있다. 특히 전자광학 카메라는 공간해상도가 6.6m인 전정색 영상을 제공하고 있어, 지표면의 상세한 정보를 취득하고 있다.

(6) KOMPSAT(아리랑) 2호

우리나라에서는 다목적 위성 개발사업의 2단계로 2006년 7월 28일 아리랑 2호 위성을 발사하였다. 아리랑 2호는 공간해상도를 상업용 위성수준까지 향상시킬 예정이다. 즉 공간해상도를 전정색은 1m, 다중분광 영상은 4m로 향상시켜 외국의 상업용 영상과 견줄 수 있는 고해상도의 영상을 제공한다. 아리랑 2호가 성공적으로 운영될 경우, 지표면의 다양하고 자세한 정보를 저렴한 비용으로 쉽게 수집할 수 있을 것으로 예상된다.

4) 레이더 영상 현황

일반적인 위성영상은 태양에서부터 나오는 전자기파 에너지나 지구로부터 방출되는 전자기파를 수동적으로 감지하고 있다. 이러한 종류의 센서를 광학센서라 한다. 광학센서는 태양에너지가 있어야 촬영을 할 수 있으므로 맑은 날씨의 낮시간에만 지표면의 정보를 취득할 수 있다는 단점이 있다. 레이더 영상은 위성에서 능동적으로 마이크로파를 방출하여 지구로부터 반사되는 전자기파 에너지를 감지하는 방식이다. 레이터 영상은 날씨나 시간과 관계없이 지표면의 정보를 취득할 수 있다는 장점이 있다. 즉 레이더가 지구 표면에 신호를 보내면, 이 신호는 구름을 투과하여 밤낮에 상관없이 측정을 할 수 있다.

레이더 센서는 항공기, 위성 또는 지상 Sensor에 의해 운용될 수 있다. 도플러 효과를 이용한 Airborne Radar System은 보통 군용 항공기나 관용 항공기에 탑재되어 이용되어 왔지만 1978년 최초의 Radar 위성인 Seasat이 발사되었고 오늘날 다양한 레이더 영상이 활용되고 있다.

레이더 영상의 특성은 다음과 같다. 첫째, 레이더에서 사용하는 전자파는 장파인 마이크로파를 사용하고 있어, 연기, 구름, 눈, 연무 등을 투과할 수 있다. 따라서 밤과 낮, 모든 기상조건하에서도 전천후로 운용이 가능하다. 둘째, 장파인 마이크로파는 어떤 물질이라도 부분적으로 투과할 수 있어서 지표 아래 지하의 분석에 이용할 수 있다. 이러한 특징으로 지질이나 고고학 등의 분야에 활용할 수 있다. 셋째, 마이크로파는 물 표면의 상태에 대한 분석을 할 수 있다. 즉 수면의 활동에 크게 영향을 받는 조류의 유동, 수표면의 소용돌이, 파도의 파장 등에 대한 자료를 제공할 수 있다. 넷째, 레이더 영상은 위성에서 발사하여 지표면에서 반사된 전자기파를 취득하기 때문에 위성에서 지표면까지의 도달시간이나 거리를 계산할 수 있으며, 이를 이용하여 지표면의 고도를 측정할 수 있다. 지표면의 고도자료를 이용하여 수치고도모델이나 지형도를 제작할 수 있다.

현재 운영되고 있는 대표적인 레이더 위성은 다음 표와 같다. 레이더 영상의 밴드는 일반 광학센서의 밴드와는 파장의 범위가 다르다. 마이크로파라는 장파를 이용하기 때문이다. 따라서 분광해상도에는 X, L, C, P 밴드가 각각 사용되며, 3cm 이상의 장파를 측정하여 사용하고 있다.

〈표 Ⅰ-3〉 대표적인 레이더 영상의 특징

위 성	공간해상도	시간해상도	분광해상도	Swath 폭	비 고
ERS-1	30 m	35	C(3.8 – 7.6 cm)	100 ㎢	
JERS-1	18 m	44 일	L(7.6 – 19.3 cm)	75 ㎢	
RADARSAT	25 m	18 일	C(3.8 – 7.6 cm)	100 ㎢	
Almaz	15 m		C(3.8 – 7.6 cm)	40 ㎢	러시아의 위성

(1) ERS

ERS(ESA Remote-sensing Satellite)는 ESA(유럽연합 우주청)에서 지구 관측을 목적으로 발사한 레이터 위성이다. 1991년 6월 17일 ERS-1이 발사된 이후 1995년 4월 1일 ERS-2가 발사되어 작동 중에 있다. ERS에는 Synthetic Aperture Radar(SAR), Radar Altimeter(RA)등의 센서를 탑재하고 있다. SAR의 경우 육지의 관측에 주로 사용되고 있고 RA는 대기와 오존층 등의 측정에 사용되고 있다.

ERS 위성에서 운영하고 있는 레이더 센서는 SAR 센서는 관측폭이 100km이며, 공간해상도는 30미터이다. 사용하는 마이크로파는 C 밴드를 채택하여, 약 5.3 GHz의 주파수를 가지고 있다. ERS 위성은 지구 관측을 목적으로 사용되며, 지구 전체에 대해 반복적으로 관측을 수행하며, 해양의 상태, 해수면의 바람, 해류의 흐름, 해양 또는 빙하의 고도 등을 관측하고 있다.

(2) JERS

JERS(Japanese Earth Resources Satellite)는 일본에서 지구의 관측과 자원 이용에 필요한 자료를 수집하기 위하여 운영하고 있는 위성이다. JERS 1호는 1992년 일본의 다네가시마 우주센터에서 발사되어 6년간 임무를 수행하다가 1998년 수명을 다했으며, 현재는 후속 위성인 ALOS를 개발하여 발사할 예정에 있다. JERS에는 레이더 센서는 SAR와 광학 센서인 OPS가 장착되어 있다. 이중에서 레이더 센서인 SAR 센서는 관측폭이 75km이며, 공간해상도 18미터이다. 사용하는 마이크로파는 L 밴드를 채택하여 약 1.27GHz의 주파수를 가지고 있다. JERS는 일본 전체에 걸친 육지 측량과 농업, 임업, 수산업, 환경보호, 재난 방지, 근해의 감시 등과 관련한 다양한 자료를 제공하고 있다.

(3) RADARSAT

RADARSAT은 지구 환경 변화의 감시를 위해 캐나다에서 개발하여 1995년 11월 4일 발사한 지구 관측 위성이다. RADARSAT에는 SAR (Synthetic Aperture Radar) 센서를 탑재해 날씨나 구름의 유무, 혹은 밤에도 상관없이 자료를 얻을 수 있으며, 해양, 얼음, 그리고 육상의 모든 장소에서 원하는 영상을 제공하고 있다. RADARSAT 영상은 6개의 모드로 작동하여 10m에서 100m까지 다양한 해상도를 제공하고 있으며 관측폭 역시 35km에서 500km에 이르기까지 다양한 영상을 제공하고 있다. RADARSAT에서 사용하는 마이크로파는 C 밴드를 채택하여 약 5.3GHz의 주파수를 가지고 있다. RASARSAT에서 제공하는 영상의 종류는 다음 표와 같다.

미국의 Orbital Imaging 사에서 추진 중인 RADARSAT 2호는 공간해상도를 크게 향상하였으며 다양한 영상을 제공할 예정이다. 가장 해상도가 우수한 ultra-fine 모드의 경우 관측폭은 20km이며, 공간해상도는 3m로 크게 향상되었다. RASARSAT 2호는 이러한 고해상도의 레이더 영상을 3일 간격으로 촬영할 수 있기 때문에 전 세계의 다양한 지구환경 정보를 수집할 수 있게 되었다.

<표 Ⅰ-4> RADARSAT 영상의 종류

	탐지각(°)	해상도(m)
Standard	20 – 49	28 x 25
Wide Swath	20 – 39	28 x 35
Fine Resolution	37 – 48	10 x 9
Extended Coverage	49 – 59	20 x 28
스캔 SAR(narrow)	20 – 39 31 – 46	50 x 50 50 x 50
스캔 SAR(wide)	20 – 49	100 x 100

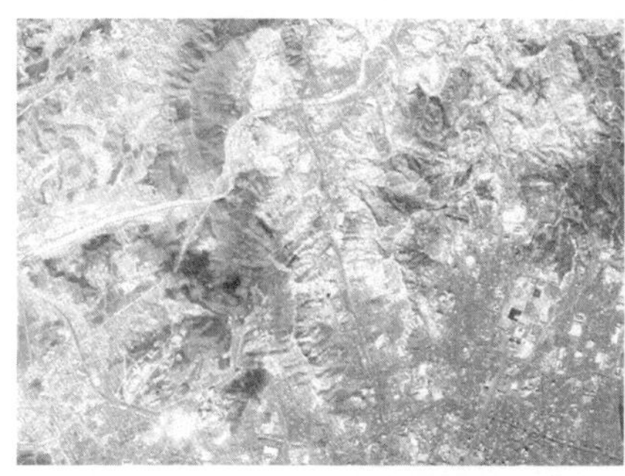

<그림 Ⅰ-7> 서울지역의 Corona 영상

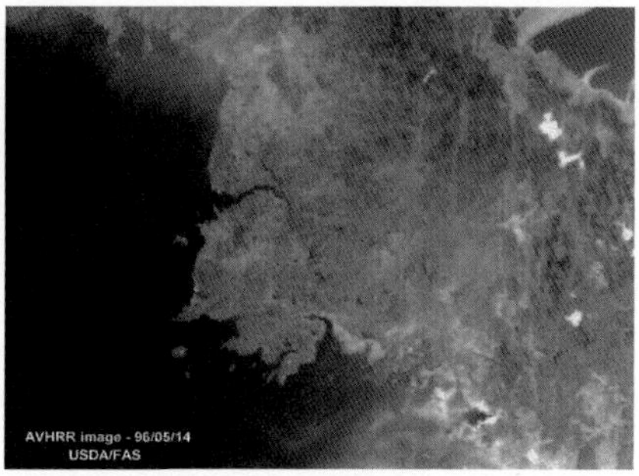

<그림 Ⅰ-8> 서울지역의 NOAA
AVHRR 영상

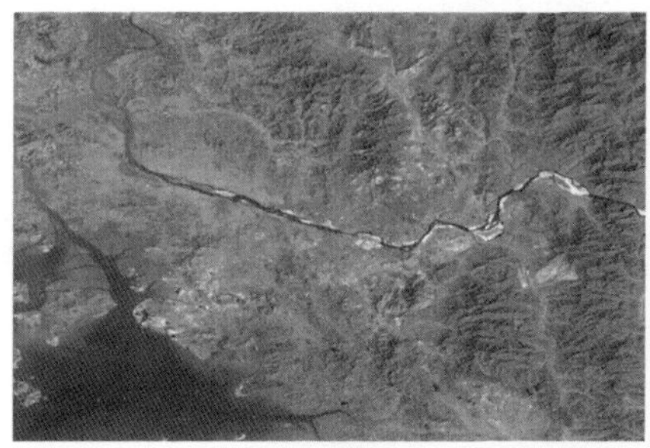
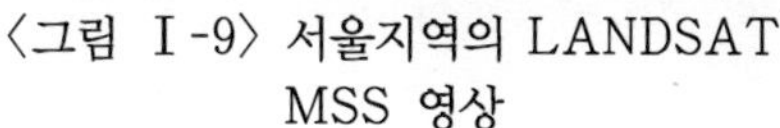

<그림 Ⅰ-9> 서울지역의 LANDSAT
MSS 영상

<그림 Ⅰ-10> 서울지역의 LANDSAT
TM 영상

〈그림 Ⅰ-11〉 서울지역의 SPOT XS 영상　〈그림 Ⅰ-12〉 서울지역의 IRS-1C 영상

〈그림 Ⅰ-13〉 서울지역의 아리랑 1호 영상　〈그림 Ⅰ-14〉 서울지역의 IKONOS 영상

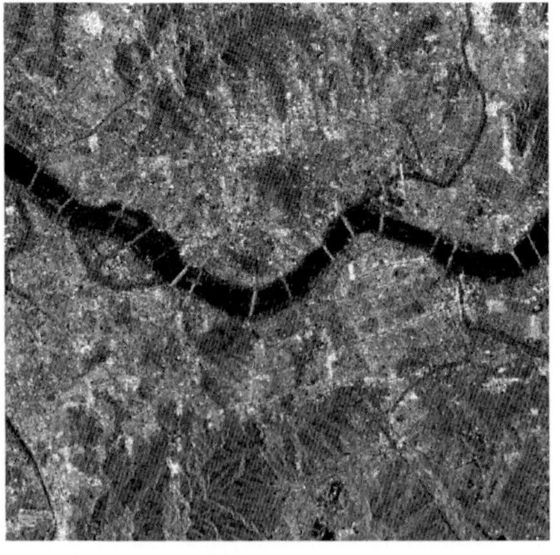

〈그림 Ⅰ-15〉 서울지역의 RADARSAT 영상

3. 위성영상의 처리과정

위성영상은 지표면에서 반사 또는 방사된 전자기파를 취득하여 영상으로 표현하고 있다. 이러한 영상으로부터 필요한 지리정보를 획득하기 위해서는 영상의 처리과정이 필요하다. 위성영상과 같이 디지털 형태로 되어 있는 영상을 컴퓨터의 도움으로 처리하는 기법이 수치영상처리(digital image processing)이다. 수치영상처리를 통하여 사진형태의 위성영상으로부터 지도형태의 지리정보를 추출하여 이용할 수 있다.

위성영상과 지리정보는 공중에서 지표면의 모습을 보여주고 있다는 측면에서 공통점이 있지만 내용 면에서는 큰 차이가 있다. 위성영상은 임의의 위치에서 지표면을 촬영한 결과물이기 때문에 지표면의 위치에 대한 정확한 정보가 없다. 또한 지표면의 전자기파 반사도만으로 구성된 위성영상은 지표면의 정보를 효과적으로 표현할 수 없다. 따라서 위성영상이 지리정보로서 의미가 있기 위해서는 위치정보와 속성정보가 부여되어야 한다. 위성영상을 처리하는 과정은 크게 영상 전처리, 영상강조처리, 영상분류 과정으로 이루어진다.

1) 영상 전처리(preprocessing)

원격탐사에 의해 얻어진 위성영상은 분석에 직접 이용할 수 없는데, 이미지를 수집할 때 발생하는 전자기적, 그리고 기하학적 왜곡으로 자료의 질이 저하되어 있기 때문이다. 따라서 전처리 과정을 통하여 왜곡된 이미지를 보정해야 한다. 특히 기하학적 보정은 위성영상에 위치라는 지리적 의미를 부여하기 때문에 대단히 중요한 과정이다.

(1) 전자기적 보정(Radiometric Correction)

원격탐사 영상은 지표면의 사상을 높은 고도의 센서에서 감지하기 때문에 센서의 기계적 이상, 대기의 교란 등에 의하여 전자기적으로 왜곡될 수 있다. 이와 같이 왜곡된 영상으로는 올바른 정보를 추출하기 어렵다. 따라서 위성 이미지의 분석과정에서 전자기적 보정(Radiometric correction) 절차를 반드시 거쳐야 한다.

전자기적 보정이 필요한 경우는 센서들 간의 감도차에 의한 차이, 잡음(noise)이나 스트라이프(stripe), 태양고도와 그림자의 영향, 그리고 대기와 날씨의 영향이 있다. 이 중에서 센서들 간의 감도 차이에 의한 보정은 지상수신소에서 보정되며, 잡음이나 스트라이프와 같은 반복되는 왜곡은 간단한 프로그램으로 보정할 수 있다. 또한 태양고도와 그림자의 영향은 수치고도자료와 지형도를 이용하여 보정할 수 있다.

전자기적 왜곡에서 가장 유의해야 할 것이 대기의 교란에 의한 왜곡이다. 즉 지표면의 사상과 센서사이에 있는 대기에 의해 가시광선 파장대는 산란되고, 적외선 이상 파장대는 흡수되기 때문에 이들 파장대 간에 변이가 일어나게 된다. 이를 바로잡기 위해서는 산란된 파장대는 산란된 양 만큼을, 흡수된 파장대는 흡수된 양만큼의 스펙트럼 값을 보정하여야 한다.

(2) 기하학적 보정(Geomatric Correction)

지표면의 물체를 높은 고도의 위성에서 촬영하면 센서와 지구표면과의 거리, 지구의 곡면, 센서의 촬영방식, 투영법 등에 따라 영상에 표현된 물체들이 정확한 위치를 가질 수 없다. 영상은 지도와 같이 지표면의 모습을 상공에서 표현한 모습이지만, 물체의 위치와 모양이 왜곡되고 정확한 위치정보가 제공되지 않는다. 따라서 영상에 표현된 물체들의 위치를 정확히 보정하고, 이들의 위치를 객관적인 좌표체계로 부여하는 과정이 필요하다. 이와 같이 기하학적 왜곡을 보정하고 위성영상에 위치정보를 부여하는 과정을 기하학적 보정이라 한다. 기하학적 왜곡 중에서 일부 왜곡은 위성의 위치나 자세에 관한 자료(ephemeris)와 내부적인 센서의 왜곡 특성을 이용하여 수정할 수 있다. 그러나 대부분의 기하학적 왜곡은 컴퓨터 프로그램을 통하여 자동으로 보정할 수 없다. 기하학적 왜곡을 보정하기 위해서는 영상에 기록된 대상물의 영상좌표를 지도나 GPS(Global Positioning System)에서 관측된 동일 대상물의 지리좌표에 일치시키는 방법으로만 수정할 수 있다. 지상기준점(Ground Control Point)을 이용하여 위성영상과 실제 좌표를 일치시킨 후, 좌표변환식에 따라 영상의 내용들을 재배열한다. 구체적인 절차는 다음과 같다.

① 지상기준점의 선정

기하학적 왜곡을 보정하기 위해서는 위성영상에서의 좌표와 실제의 좌표를 일치시켜야 한다. 이를 위해서는 영상에서 위치를 판독할 수 있는 기준점을 선정한 후, 지도에서 그 점의 실제 좌표를 입력하여 이 두 좌표를 비교한다. 그 결과를 기준으로 기하학적 보정을 실행한다. 따라서 지상기준점의 수가 많고 공간적으로 고르게 분포할수록 위치적으로 정확한 자료를 얻을 수 있다. 일반적으로 영상처리 프로그램을 통하여 화면상에서 영상을 디스플레이 한 후 지상기준점을 선택하고, 선택된 기준점의 실제 좌표값을 입력한다. 다음 그림은 위성영상의 기하학적 보정과정을 나타낸 것이다. 이 두 가지 좌표들을 이용하여 좌표변환식을 작성하여 기하학적 보정을 실시한다.

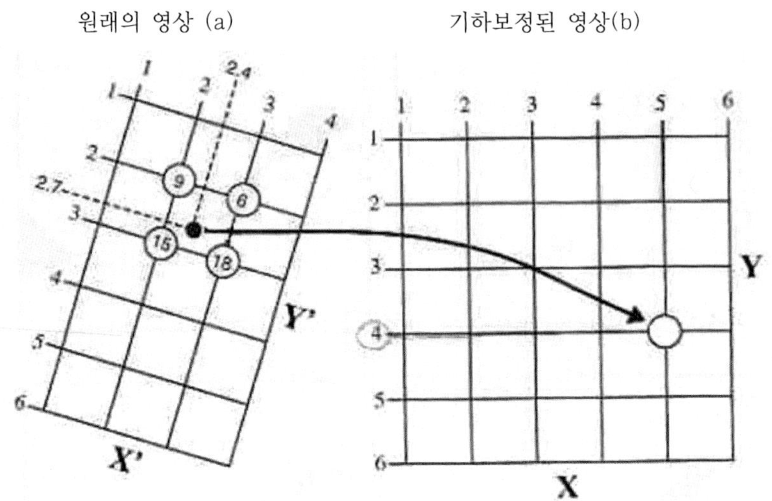

출처: Jensen. 1996. 127.

〈그림 Ⅰ-16〉 위성영상의 기하학적 보정과정

② 좌표변환(transformation)

지상기준점이 선정되고 영상에서의 좌표와 실제 좌표가 결정되면, 좌표변환식을 통하여 두 개의 위치를 하나로 연결시켜야 한다. 즉, 두 개의 위치를 함수관계로 연결하여 이미지상의 좌표를 실제 좌표로 변환해야 한다. 이 단계가 좌표변환 단계이다. 두 지상기준점의 좌표는 다음과 같은 함수로 연결된다.

$C = f_1(x, y) = ax + by + c$

$R = f_2(x, y) = dx + ey + f$

x, y: 실제 좌표   R, C: 영상의 좌표

여기서 R, C는 각각 영상의 열(Row)과 행(Column)이고 X, Y는 지리좌표를 나타낸다. a, b, c, d, e, f는 변환식의 상수로, 평행이동, 회전이동 및 축척변환을 위해 사용된다. 이때 f_1과 f_2의 함수를 이용하여 좌표변환을 행한다. 좌표변환 함수에는 여러 가지가 있으나 Affine 변환식이 가장 많이 이용

된다. Affine 변환식은 위의 식의 우측과 같다. 이러한 변환식을 풀기 위해서는 최소 3개의 지상기준점이 필요하다. 최소한의 기준점 외에 충분한 수의 지상기준점을 사용하면 기하학적 보정을 더욱 정확하게 실시할 수 있다.

③ 재배열(Resampling)

지상기준점이 선정되고 좌표변환이 이루어진 후, 나머지 화소들을 변환된 좌표로 재배열해야 한다. 다음 그림과 같이 좌표변환식에 의해 변환된 좌표는 수직의 분포를 가지지만, 원래의 영상은 그렇지 못하기 때문에 영상에 위치해있는 화소값들로부터 새로운 위치의 화소값들을 추정하여야 한다. 이 과정을 재배열(resampling)이라 한다. 재배열 방법에는 최근린 내삽법(Nearest Neighbor), 공일차 내삽법(Bilinear Interpolation), Cubic Convolution 등이 사용된다.

최근린 내삽법은 가장 가까이에 있는 화소의 값을 추출하는 방법이다. 이 방법은 가장 단순하고 신속한 방법이다. 또한 원영상의 화소값을 변화시키지 않기 때문에 원래의 정보를 충실하게 반영한다는 장점이 있다. 반면에 원영상에 비해 거칠어 보일 수 있다. 공일차 내삽법(Bilinear Interpolation)은 주위 4화소의 값을 참고하여 화소값을 결정하는 방법이다. 즉 대상 좌표의 좌우와 상하의 화소들을 이용하여 화소값을 계산한다. 화소의 중심에서 화소값을 대표한다고 가정하고 거리에 따른 역 가중치를 통해 내삽이 이루어진다. 이 방법은 전체적으로 부드러운 영상을 얻을 수 있다는 장점 때문에 기하보정 과정에서 가장 보편적으로 이용되고 있다. 그러나 주변의 화소값과 산술 평균된 값을 취하기 때문에 주변 화소와 대비가 약화된다는 단점이 있다. Cubic Convolution은 보정될 화소주위의 16개의 원화소로 그 값을 내삽하는 기법이다. 이 방법은 원화소의 분포를 반영하기 때문에 가장 신뢰성이 높은 재배열 방법이나, 많은 계산시간을 필요로 한다.

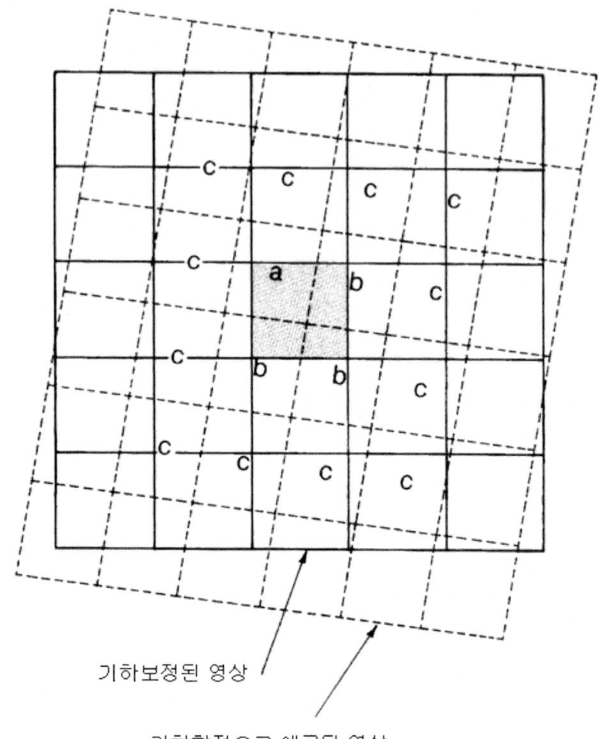

출처: Lillesand and Kiefer. 1994. 529.

〈그림 Ⅰ-17〉 영상의 재배열 과정

(3) 정사보정(ortho rectification)

정사보정이란 입체영상 또는 수치고도자료를 이용하여 영상의 기복변위(relief displacement)를 보정하여 정사투영된 영상을 제작하는 기술을 칭한다. 지표면의 물체들이 반사하는 에너지는 위성 센서의 렌즈로 수렴하면서 영상이 생성된다. 이러한 영상을 중심투영 영상이라 한다. 모든 영상은 높은 고도의 일정 지점에서 지표면을 영역을 촬영하기 때문에 중심 투영영상으로 생성되어진다. 그러나 지도나 위치정보를 표현하는 방법은 무한대의 지점에서 바라보았을 때 지표면의 위치를 표현하는 정사투영을 이용하고 있다. 따라서 영상에서 표현되는 물체의 정확한 위치를 표현하기 위해서는 중심투영된 영상을 정사투영된 영상으로 변환하는 과정이 필요하다. 정사투영된 영상(orthophoto image)은 항공사진에서 나타나는 기복변위를 제거하여 사진상에 나타나는 지형지물이 모든 위치에서 축척이 일정하도록 제작한 사진을 의미한다. 디지털 영상을 컴퓨터 처리과정을 거쳐 제작한 이미지를 수치정사영상이라 한다.

정사영상은 1970년대까지는 주로 광학적인 방법에 의해 제작되었으나, 1970년대 중반부터 급속히 발달한 컴퓨터 기술을 이용하여 스캐닝한 항공사진이나 인공위성 영상을 이용하여 디지털 작업으로 제작하고 있다. 최근의 정사투영영상은 공간해상도가 향상되고 완전한 디지털 자료인 인공위성영상을 이용하여 수치적 미분편위 수정방법으로 제작되고 있다. 영상은 중심투영 원리에 의해 투영되기 때문에 센서의 자세와 지형기복에 의해 발생하는 지상물체의 위치가 왜곡되어 표현된다. 이를 보정하기 위해 수치고도모형(DEM)을 이용하여 이러한 왜곡을 제거하는 과정을 미분편위수정(differential rectification)이라 한다. 미분편위수정방법에는 광학적 방법과 수치적 방법이 있다. 광학적 방법은 영상을 광학적으로 재투영하여 정사영상을 제작하는 방법이고 수치적 방법은 위성영상이나 스캔된 영상과 같은 디지털 영상과 수치고도모형을 이용하여 정사투영영상을 제작하는 방법이다. 이를 수치적으로 계산하기 위해서는 수치고도모형의 격자에 의해서 정의되는 3차원 좌표를 공선조건에 의하여 영상으로 변환한 후, 영상 위치에서 화소의 밝기값을 재배열 방법에 의하여 내삽한다. 이러한 과정을 거쳐 수치고도모형 점의 위치와 동일한 수치 정사영상의 위치에 밀도를 저장하면 정사투영으로 변환된 영상을 생성할 수 있다.

정사보정 기법은 영상을 촬영할 때 발생하는 왜곡들을 근원적으로 처리하는 정확한 위치보정 기법이라 할 수 있다. 지금까지 정사투영된 영상은 지형도 제작이나 정사투영영상지도 제작에 이용되어 왔다. 특히 위치적 정확도가 높기 때문에 항공사진이나 고해상도 영상과 같이 정밀한 수평위치를 필요로 하는 자료에 많이 적용되어 오고 있다. 그러나 정사투영 보정을 위해서는 수치고도자료나 입체영상 자료, 그리고 수평적 위치와 수직적 위치를 알고 있는 지상기준점을 이용하는 등 많은 자료가 필요하다. 정사투영 영상의 제작과정 또한 매우 복잡하다.

2) 영상 강조처리

영상 강조처리란 영상에서 표현되는 물체들 간의 시각적 해석 가능성을 높이기 위한 전반적인 과정이다. 인간의 눈에는 물체를 구별하는 능력의 한계가 있기 때문에 컴퓨터를 이용하여 이들 간의 차이를 강조하는 것이다. 영상 강조처리는 영상에서 각 화소의 밝기값을 독립적으로 조정하는 점중심 연산법(point operations)과 주위 화소의 밝기값을 이용하여 해당 화소의 밝기값을 조정하는 국지적 연산법(local operations)으로 구분되며, 이를 기반으로 세 가지 강조처리 기법이 있다. 영상의 대비(contrast)를 조정하는 기법인 대조 처리법(contrast manipulation), 영상에서 주위 픽셀의 값으로 픽셀의 밝기를 조절하는 공간특성 처리법(spatial feature manipulation), 그리고 여러 개의 밴드로 구성된 영상을 연산하여 새로운 값을 가진 영상을 생성하는 다중밴드 처리법(multi-image manipulation)이 있다.

(1) 대조 처리법(Contrast Manipulation)

대조 처리법은 영상의 대조를 조절하는 기법이다. 즉 영상의 화소값을 조절하여 영상이 선명하게 보이도록 하는 기법이다. 영상의 화소값을 조절하는 기준은 다음과 같은 종류가 있다.

① Grey-level Thresholding

영상의 값을 두 가지 종류로만 나누어 표현하는 방법이다. 즉 영상을 흑과 백 두 가지 색으로만 표현한다. 즉 화소값이 사용자가 정의한 수치 이하의 값일 경우 하나의 색상으로 부여하고 그 이상의 값일 경우 다른 색상을 부여한다. 이는 영상이 이진 마스크(binary mask)를 씌우는 역할을 한다. 이 기법은 영상에서 주의깊게 분석하고자 하는 지역만 부각되어 영상의 해석 가능성을 높일 수 있다.

② Level slicing

영상의 화소값을 히스토그램의 x 축을 따라 연속된 간격으로 나누는 처리기법이다. 즉 여러 개의 화소값이 하나의 값으로 묶여 표현된다. Grey-level Thresholding 기법은 영상을 두 가지 종류로만 표현하였지만 이 기법은 두 가지 이상의 종류로 영상을 표현한다.

③ Contrast Stretching

영상에서 화소의 밝기는 보통 256가지로 표현되지만 실제 영상의 화소값의 범위는 이보다 작다. 이때 화소값의 범위를 확장하여 화소들 간의 대조를 늘리는 과정이 Contrast Stretching 기법이다. 일반적으로 대조를 강조하는 기법으로는 선형식을 이용한 선형 확장과 비선형식을 이용한 비선형 확장이 있다.

선형 확장(linear stretch)은 영상에서 표현할 임계치의 최소값과 최대값을 구하고, 선형식을 이용하여 이를 0과 255로 확장하는 기법이다. 일반적인 선형 확장식은 다음과 같다.

DN＝(DN－MIN) /(MAX-MIN)×255

이러한 선형 확장식을 이용하여 화소의 대조를 조절할 수 있다. 이때 MAX와 MIN은 영상 전체에서 화소의 최대값과 최소값을 의미한다. 이

수식을 이용하면 다음 그림과 같이 영상에서 화소의 범위가 최소값과 최
대값으로 확장된다. 이러한 선형 확장을 min-max 선형확장이라 한다.

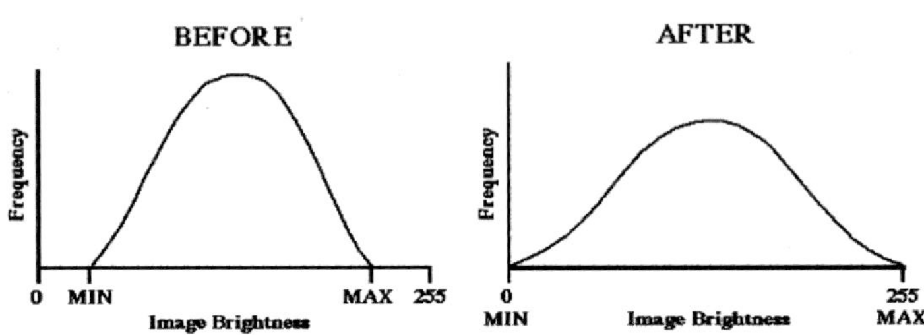

출처: Jensen. 1996. 148.

〈그림 Ⅰ-18〉 선형 확장에 따른 영상 히스토그램 변화

최소값과 최대값을 이용하면 영상의 대조가 강조되어 더욱 선명한 영
상으로 표현된다. 그러나 영상에서 최소값과 최대값이 다른 화소에 비하
여 크게 차이가 나는 경우에는 선명하지 못한 영상으로 표현된다. 이러한
점을 보완하기 위한 확장기법이 percent 선형확장이다. 이 기법은 영상의
평균과 표준편차를 계산하여 확장 임계치를 부여하는 기법이다. 즉 선형
확장식에서 MIN에는(평균-표준편차)×percent를, MAX에는 (평균+표
준편차)×percent를 부여하는 방식이다. 이 방식은 평균과 표준편차와 같
은 기술통계량을 이용하기 때문에 영상 전체의 대조특성을 반영한다는
장점이 있다.

영상의 화소값의 분포가 일정하지 않을 경우에는 piecewise 선형확장
이 효과적이다. 이 기법은 영상을 히스토그램을 구간별로 나누고 구간마
다 기울기가 다른 선형식을 부여하는 기법이다. 선형확장에서 임계치 내
의 범위에 들지 않는 화소값은 모두 0이나 255로 나타난다.

비선형 확장(non-linear stretch)은 영상에서 선형식이 아닌 방법으로 대
조를 늘리는 기법이다. 대표적인 기법으로는 histogram equalization과 log

확장이 있다. histogram equalization은 영상의 히스토그램 빈도수를 일치시키도록 화소값을 조정하는 기법이다. 영상에서 화소값에 따른 히스토그램 분포를 파악하고, 화소값을 조절하여 모든 화소값마다 비슷한 빈도의 히스토그램이 형성되도록 조정하는 기법이다. log 확장법은 log식이나 역 log식과 같은 비선형식을 이용하여 영상을 확장하는 기법이다. 이러한 과정을 거쳐 강조처리된 영상은 시각적 해석을 위한 것이므로 시각적 해석에만 사용하여야 하며, 영상의 화소값을 이용한 처리과정에는 사용할 수 없다.

(2) 공간특성 처리법(spatial feature manipulation)

대조처리는 밝기값의 빈도를 처리하는 반면 공간특성 처리법은 공간적인 빈도를 처리하는 기법이다. 공간적 빈도란 영상에서 톤의 변화가 얼마나 거친가를 표현하는 것이다. 즉 공간적으로 연속적인 화소들의 값이 갑자기 증가하거나 감소하는 경우 이 영상은 공간적으로 거친 영상이며, 공간적 빈도가 높다(high frequency)고 표현된다. 반면에 화소들이 점진적으로 변화하는 영상의 경우 이 영상은 공간적으로 부드러운 영상이며, 공간적 빈도가 낮다(low frequency)고 표현된다. 공간특성 처리법은 이와 같이 영상에서 공간적으로 인접한 화소들 간의 차이를 조절하여 공간적 빈도를 강조하는 기법이다. 대표적인 처리기법으로는 공간필터(spatial filtering)와 푸리에 분석(Fourier analysis)이 있다.

① 공간필터(spatial filtering)
수학적으로 정의된 일종의 커널(kernel)을 이용하여 영상에 적용하여 인간의 판독 가능성을 증가시키는 과정을 공간필터라 한다. 이 커널은 일종의 필터와 같이 영상이 통과되면 공간적 빈도가 변화한다. 일반적으로 영상처리 과정에서 공간필터를 적용할 때 다음 그림과 같은 커널을 영상에 적용한다. 그림과 같이 커널이 적용된 부분은 커널에서 정의된 가중치에

따라 새로운 화소값을 계산한다. 계산이 끝나면 다시 인접한 화소로 이동하여 가중치가 적용된 화소값을 계산한다. 구체적인 과정은 다음과 같다.

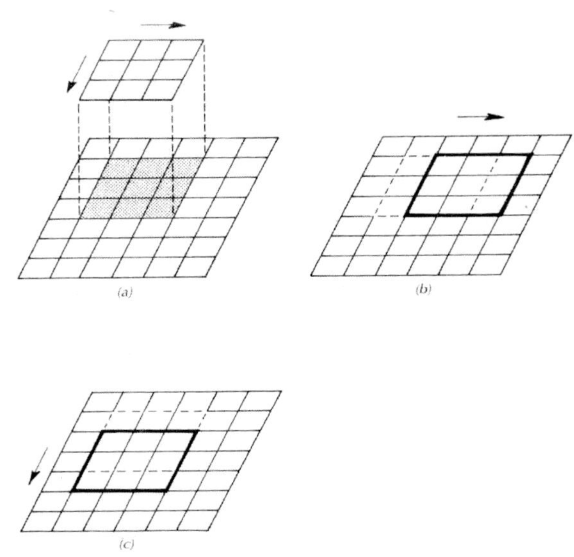

출처: Lillesand and Kiefer. 1994. 540.

〈그림 Ⅰ-19〉 공간필터의 커널 이동

첫째로 가중치 요소를 가진 이동 윈도우를 설정한다. 이를 커널 (kernel)이라 한다. 일반적으로 커널은 3×3, 5×5 등과 같이 홀수의 크기를 가진다. 둘째 원래의 영상에 커널이 이동하면서 윈도우내에 포함된 화소들을 대상으로 중앙의 화소값을 계산한다. 이동윈도우의 가중치와 각 화소를 곱한 후, 그 결과를 더하여 중앙의 화소값으로 부여한다.

공간필터는 가중치가 어떻게 설정되어 있는가에 따라 영상의 공간적 빈도를 조절하게 된다. 대표적인 필터인 low pass filter는 영상의 낮은 빈도 특징을 강조하고 높은 빈도의 특징은 반감시키는 역할을 한다. 즉 공간필터를 적용하면 영상의 공간적 빈도가 감소한다. 공간필터의 구성은 다음 그림의 (a)와 같다. 그림과 같이 모든 화소에 같은 가중치가 부여되고 있다. High pass filter는 반대로 영상의 높은 빈도 특징을 강조하는 역할을 한다. 즉 영상의 공간적 빈도가 증가한다. 공간필터의 구성은 그림 (b)와 같다. 그림과 같이 중앙의 화소는 가중치가 매우 높지만, 주변의 화소는 가중치를 낮추어, 영상에서 인접한 화소 간의 차이가 커지는 역할을 하고 있다.

1/9	1/9	1/9
1/9	1/9	1/9
1/9	1/9	1/9

(a) Low pass filter

-1	-1	-1
-1	8	-1
-1	-1	-1

(b) High pass filter

〈그림 Ⅰ-20〉 공간필터의 예

② 푸리어 분석(Fourier analysis)

공간필터는 공간 차원(영상의 x, y 좌표)에서 처리한 것인 데 반하여 푸리어 분석은 빈도 차원(frequency domain)에서 처리하는 기법이다. 즉 수학적 변환식인 푸리어 변환을 이용하여 영상을 공간적 빈도요소로 분할한다.

영상에서 공간적으로 화소값의 변화를 여러 가지 진폭과 빈도, 위상을 가진 사인과 코사인 곡선으로 표현하고 영상에서 각 공간빈도마다 진폭(amplitude)과 위상(phase)을 계산하여 변환한다. 변환된 영상은 요소 공간빈도로 구분되어 2차원의 산포도로 표현(Fourier spectrum)된다. 변환된 영상에서 낮은 공간적 빈도요소는 영상의 중앙에 위치하며 외곽으로 갈수록 높은 공간적 빈도요소를 표현한다.

푸리어 변환된 영상에서 중앙만을 가려내고 역변환하면 공간적 빈도가 낮아진 영상이 되며, 외곽만을 가려내고 역변환하면 공간적 빈도가 높아진 영상이 된다. 이러한 원리를 이용하여 영상의 공간적 빈도를 조절할 수 있으며, 영상의 잡음(noise) 제거에도 이용되고 있다.

(3) 다중밴드 처리법(multi-image manipulation)

일반적으로 다중분광 영상의 경우 동일한 물체의 분광특성을 파장대별로 구분하여 저장한다. 따라서 동일한 물체의 분광특성을 이용하기 위해서는 파장대별로 구분된 화소들을 결합하거나 변환할 필요가 있다. 이러한 강조처리 기법을 다중밴드 처리법이라 한다. 다중밴드 처리법에는 밴드 간 화소들을 연산하는 기법과 이를 응용한 식생지수 산출기법, 그리고 밴드들을 몇 가지 요소로 분해하는 주성분 분석법 등이 있다.

① 밴드비율 연산(band ratioing)

영상을 구성하고 있는 여러 밴드 중에서 하나의 밴드에서 화소의 값을 다른 밴드의 값과 나누어 새로운 화소값을 표현하는 방법이다. 이 방법은 영상에서 물체의 분광특성을 유지할 수 있다는 장점이 있다. 즉 화소의 값은 절대값으로 표현된 반사도이지만 밴드비율의 결과는 밴드 간의 상대적 비율이 되기 때문에, 각 물체의 특성이 유지될 수 있다. 밴드비율은 영상 내에서 특정 밝기를 가려 줌(masking)으로서 특정 물체에 대한 분광특성을 구별하는 데 이용되기도 한다.

그러나 밴드비율을 해석할 경우 다음을 주의하여야 한다. 첫째, 다른 반사도를 가지고 있는 물체들도 비슷한 분광특성 곡선을 가질 경우 같은 결과가 나타날 수 있다. 둘째 밴드비율을 사용하기 전에 반드시 잡음제거(noise removal)를 하여야 한다. 셋째 밴드비율은 화소값 간의 계산결과이지 분광반사도 간의 계산결과가 아니라는 점을 유념하여야 한다. 넷째 비율의 계산결과는 0 이하 소수점의 결과가 나오므로 이를 정수형으로 표현하기 위한 변환기법이 필요하다.

② 식생지수(vegetation index)

식생지수는 적색밴드에서는 반사도가 떨어지다가 적외선 밴드에서 반사도가 올라가는 식생의 분광특성을 이용한 강조처리 기법이다. 적색과 적외선 밴드를 포함한 밴드들 간의 연산으로 식생의 밀도와 활력도를 조사할 수 있다. 건강한 녹색식생은 근적외선 에너지에서 40-50%를 반사한다. 또한 식물의 엽록소는 가시광선의 80-90%를 흡수한다. 죽은 식생은 가시광선 분광에서 건강한 녹색식생보다 많은 양을 반사한다. 반대로, 적외선 부분에서는 녹색식생보다 적은 양을 반사한다. 건조한 토양의 경우, 가시광선 대에서는 녹색식생보다 반사도가 높으며 죽은 식생보다 반사도가 낮다. 반면 근적외선 대에서는 식생보다 반사도가 낮다. 대부분의 식생지수는 이 세 가지 곡선의 형태의 차이에 기초를 하고 있다.

대표적인 식생지수인 NDVI(Normalized Differenced Vegetation Index)는 적색밴드와 적외선 밴드 간의 차이를 표준화(normalize)하여 식생의 밀도를 지수로 표현한 지수이다. 구체적인 계산식은 다음과 같다.

NDVI=(적외선밴드값－적색밴드값) / (적외선밴드값＋적색밴드값)

일반적으로 식생지수는 적외선 밴드에서의 화소값과 적색밴드에서의 화소값 간의 차이로 표현된다. 그러나 이러한 차이값은 영상마다 차이가 나기 때문에 식생상태를 표현하는 지표로 적합하지 않다. 따라서 이러한 지수를 표준화하기 위하여 두 가지 밴드에서의 화소의 값을 합한 수치를 나누어 계산한다. NDVI는 식생의 밀도나 녹색 피복정도, 식생의 건강상태와 같은 환경정보의 취득에 있어서 유용하게 사용되고 있다.

③ 주성분 분석(Principal Component Analysis)
주성분 분석법(Principal Component Analysis)은 높은 상관관계를 가진 많은 변인들을 새로운 주성분의 축으로 만들고, 독립적인 변인(주성분 점수)을 추출하는 기법을 말한다. 주성분 분석의 원리는 변인들 간의 상관관계를 계산하여 가장 상관이 높은 축을 1차로, 1차축에 직교하는 축을 2차로, 이에 직교하는 축을 3차 등으로 다차원 공간에서 주성분의 축(principal axis)을

정의한다. 주성분 분석의 변환원리는 다음 그림과 같다. 새로 만들어진 축에
의해 기존의 변인들이 재정의되며, 이것이 주성분 점수로 환산된다.

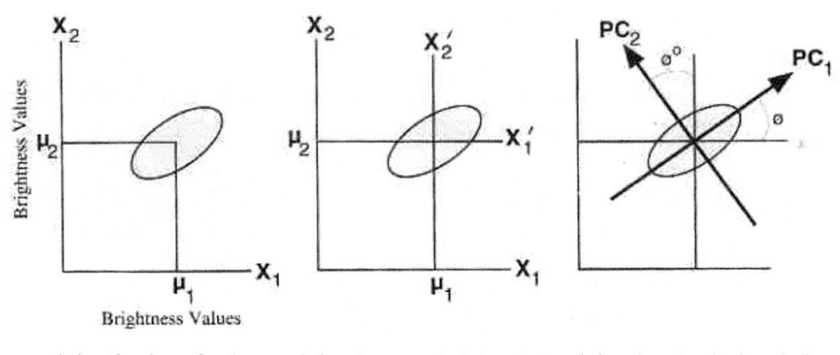

(a) 원 자료의 분포　(b) 새로운 원점을 결정　(c) 새로운 축을 결정
　　(μ₁ ,μ₂ 공간평균)　　(X₁, X₂ 평행이동 축)　　(PC₁, PC₂ 회전 축)

출처: Jensen. 1996. 176.

〈그림 Ⅰ-21〉 주성분 분석 원리

　원래의 영상의 특성을 가장 많이 반영하는 축을 1차 주성분이라 하며 이 축
으로 영상의 특성을 가장 많이 표현할 수 있다. 2차 주성분은 1차 주성분의 수
직인 축으로 두 번째로 많은 특성을 표현할 수 있다. 그러나 설명도는 1차 주
성분에 비하여 떨어진다. 이와 같이 주성분이 증가할수록 설명도는 점차 감소
하면서 누적되어 전체 영상의 설명도를 표현할 수 있다. 위성영상의 경우 동
일한 지역을 여러 개의 파장대별로 나타내고 있기 때문에, 이들 밴드 간의 상
관관계는 매우 높다. 따라서 PCA 기법을 이용하면 많은 수의 밴드(TM의 경
우 7개)에서 몇 개의 독립된 밴드만으로 압축할 수 있다. 이 기법법은 시각적
으로 영상을 뚜렷하기 표현하거나 자동분류기법의 전처리 과정에 사용된다.

④ Tasseled Cap 변환
Tasseled Cap 변환은 주성분 분석과 같이 기존의 밴드로 구성된 분광차

원에 새로운 축을 형성하고 이 축에 의하여 영상을 설명하는 기법이다. 일반적으로 각 밴드에 일정 상수를 곱하고 다항식을 통하여 새로운 축에서의 값을 생성한다. 영상을 변환하여 1차축과 2차축으로 표현하면 다음 그림과 같이 스머프 모자와 같은 모양으로 화소들이 분포한다. 이러한 분포 모양을 본따서 Tesseled Cap변환이라 칭하게 되었다. 일반적으로 1차축은 brightness, 2차축은 greenness, 3차축은 wetness로 표현된다. brightness는 모든 밴드의 가중 합계로, 토양 반사도의 기본적인 변화를 표현하며, greenness는 적외선과 가시광선 밴드 간의 대조로 표현되며, 녹색식생의 밀도를 표현한다. 그리고 wetness는 영상의 물기 정도를 표현한다.

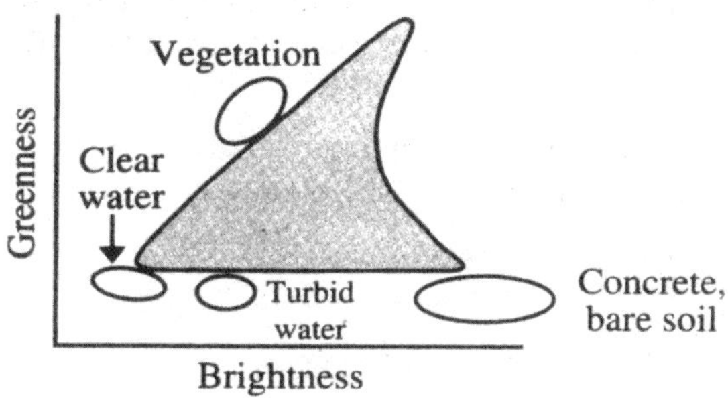

출처: Jensen. 1996. 183.

〈그림 Ⅰ-22〉 Tesseled Cap 변환

3) 영상 분류(classification)

위성으로부터 촬영된 영상은 지표면에서의 반사도만을 가지고 있다. 이러한 영상으로부터 지표면의 정보를 취득하기 위해서는 영상분류 기법을 이용하여 속성정보를 부여하여야 한다. 속성정보가 부가된 영상은 특정목적의 주제도 혹은 GIS 자료로 이용될 수 있다. 지금까지 영상처

리 분야에서 영상의 정보를 이용하여 속성정보를 처리하는 방식은 분
광패턴인식(spectral pattern recognition)과 공간패턴인식(spatial pattern
recognition), 그리고 시간패턴인식(temporal pattern recognition)이 있으
며, 이 중에서 분광패턴인식과 공간패턴인식이 가장 많이 이용되고 있다.

(1) 분광패턴 인식기법

분광패턴 인식기법은 각 화소마다 주어진 반사도값을 분류하여 토지
피복 분류에 이용하는 방법이다. 모든 물체는 고유의 분광특성을 가지므
로, 비슷한 분광특성을 가진 화소들을 분류함으로써 속성정보를 부여하
는 방식이다. 이 방식은 지금까지의 대부분의 수치영상처리에서 주로 이
용되고 있는 전통적인 기법이라 할 수 있다. 분광패턴인식에는 연구자가
분류에 관여를 하는가 그렇지 않는가에 따라 다시 감독분류와 무감독분
류로 구분된다. 감독분류(supervised classification)란 연구자가 영상에서
분류할 항목을 선정하고, 분류에 참조할 화소들(training site)을 선정하
면, 이를 기초로 영상에서 나머지 화소들을 분류하는 기법이며, 무감독분
류(unsupervised classification)란 화소들 간의 차이를 이용하여 군집분류
하고, 분류된 결과를 해석하여 속성정보를 부여하는 기법이다.

① 감독분류 과정

감독분류란 영상의 분류과정에서 연구자가 개입하여 분류계급과 전형적
인 사례지역을 선정하는 기법이다. 컴퓨터는 연구자가 선정한 사례지역의
화소 통계자료를 기초로 영상을 분류한다. 감독분류 과정은 다음 그림과 같
이 세 가지 단계로 이루어져 있다. 첫째는 훈련지역(training site)의 선정
단계이다. 분석가가 훈련지역을 설정하면 영상에서 분류하고자 하는 토지
유형의 분광특성을 수치로 정리하게 된다. 둘째는 분류 단계이다. 영상에서
훈련지역으로 선정된 지역의 통계량(밴드별 평균, 표준편차, 최소, 최대, 밴

드 간 공분산)을 이용하여 나머지 화소들이 어느 계급에 포함되는지를 결정하는 과정이다. 세 번째는 결과 출력이다. 주제도, 통계표, 디지털 화일의 형태로 출력된다. 특히 디지털 파일은 GIS 자료로 입력될 수 있다. 감독분류기법은 위성영상을 분석하는 많은 연구에서 이용되어 왔다. 이 기법은 통계적인 기법을 이용하면서 연구자의 주관이 개입되기 때문에, 과학적 객관성을 유지하면서 연구자의 경험과 기술이 필요한 기법이라 할 수 있다.

　감독분류에서 가장 유의하여야 할 부분은 바로 훈련지역의 선정단계이다. 각 계급별로 분류기준이 되는 확실한 영역을 선정하여야 하기 때문이다. 따라서 지도나 GIS 자료 등의 참조자료를 이용하고 현장조사를 병행함으로써 훈련지역을 신중히 선택하여야 한다. 선정된 훈련지역은 각 계급별로 통계특성(statistic signature) 자료가 작성되어 분류에 적용된다. 따라서 훈련지역 선정은 이후 분류단계의 결과에 직접적으로 영향을 미치므로 신중히 선택해야 한다.

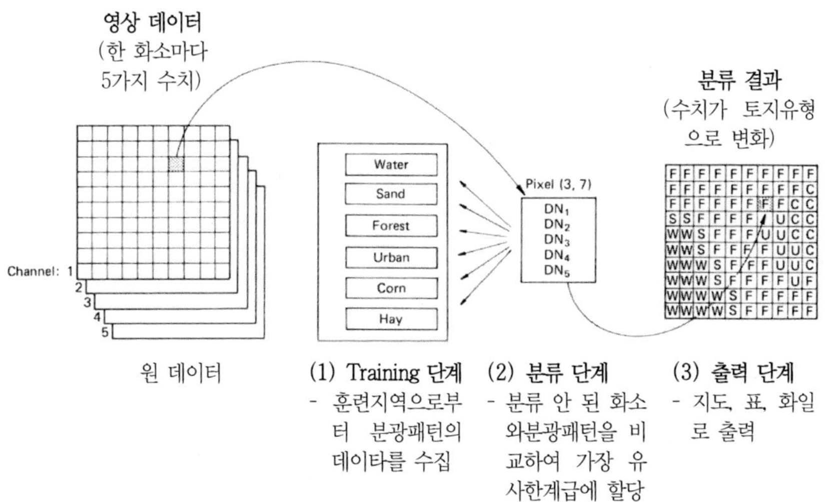

출처: Lillesand and Kiefer. 1994. 589.

〈그림 Ⅰ-23〉 위성영상의 감독분류과정

② 감독분류 알고리듬

훈련지역에서 추출된 각종 통계정보를 이용하여 감독분류가 수행된다. 연구자가 선택한 훈련지역을 기초로 각 계급별 평균과 표준편차, 그리고 밴드별 공분산 통계를 계산한다. 훈련지역의 통계특성 자료를 기초로 일정한 기준에 의하여 모든 화소들을 순차적으로 분류하는 과정이 감독분류 알고리듬이다.

일반적으로 감독분류 알고리듬에는 최단거리법(minimum distance classifier), 평행육면체법(parallelepiped classifier), 최대우도법(maximum likelihood classifier) 등이 이용된다.

최단거리법(minimum distance classifier)은 각 계급의 평균값을 기준으로 각 화소 값과의 차(거리)를 계산한 후, 이 중 가장 짧은 거리의 계급으로 분류하는 과정이다. 이 방법은 계산과정이 간단하고 처리속도가 빠르다. 그러나 각 계급의 분산에 민감하지 못하므로 잘못 분류할 확률이 크다는 단점이 있다. 평행육면체법(parallelepiped classifier)은 각 class의 평균과 표준편차를 기초로 상한 및 하한 영역값을 설정한 후, 각 화소가 속하는 영역의 class로 분류하는 방법이다. 이 방법은 자료의 범위를 반영하였기 때문에 최단거리법의 단점을 보완하면서 간단하고 속도가 빠른 알고리듬이다. 그러나 각 계급의 영역이 겹치는 경우 문제가 발생할 수 있다. 최대우도법(maximum likelihood classifier)은 훈련지역의 자료가 정규분포를 따른다고 가정하고 각 계급의 평균과 공분산행렬을 계산한 후, 확률밀도함수를 이용하여 확률이 가장 높은 계급으로 분류하는 기법이다. 이 방법은 각 계급의 분산뿐만 아니라 상관관계도 고려하기 때문에 가장 정확한 분류방법이라 할 수 있다.

이러한 감독분류 알고리듬을 모식적으로 비교한 것이 다음 그림이다. 각 그림은 4번과 3번 밴드를 각각 x축과 y축으로 보았을 때 나타나는 화소의 분포를 표현한 것이다. 그림 (a)는 훈련지역의 분포를 표현한 것이다. 예를 들어 수역계급은 두 개의 밴드에서 모두 낮은 화소값으로 나타나고 있으며, 삼림계급은 4번 밴드에서는 높은 값이지만 3번 밴드에서는 낮은 값으로 나타나고 있다. 이러한 훈련지역을 기초로 최단거리법을 적용한 개념도가 그림 (b)이다. 그림과 같이 각 계급의 중심점을 선정하고 모든 화소마다 중심점과의 거리가 가장 짧은 계급을 선정한다. 그러나 2번점과 같은 경우에는 도시로 분류되지 못하고 모래로 잘못 분류될 수 있다. 그림 (c)는 평행육면체법의 개념도이다. 이 경우에는 2번점이 도시로 분류되고 있다. 그러나 계급마다 영역이 겹치는 지역이 발생하고 있다. 그림 (d)는 최대우도법의 개념도이다. 그림과 같이 확률밀도함수를 이용하여 각 계급별 확률을 이용하기 때문에 가장 정확한 분류 알고리듬이라 할 수 있다.

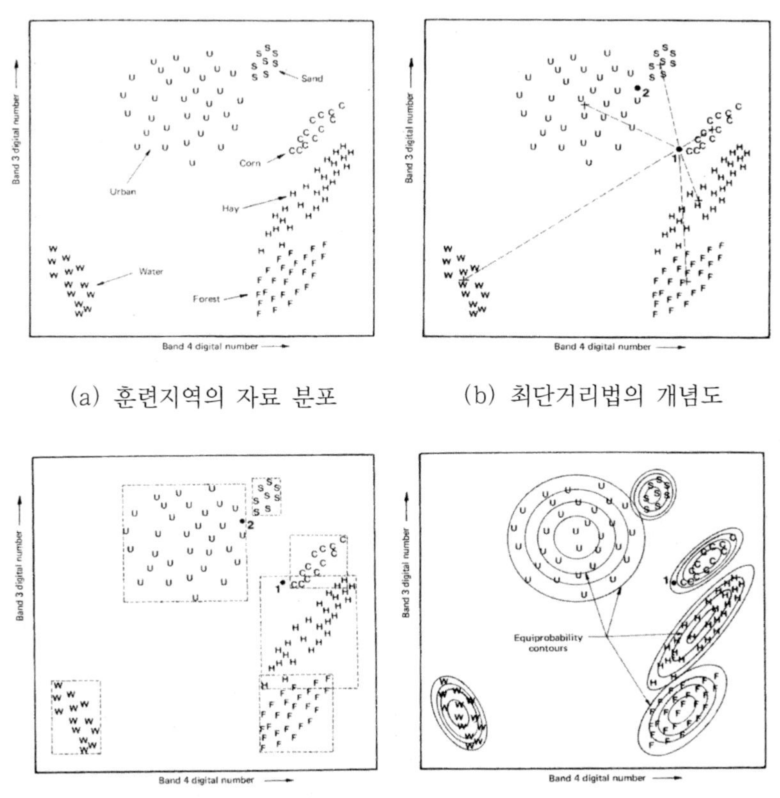

(a) 훈련지역의 자료 분포   (b) 최단거리법의 개념도

(c) 평행육면체법의 개념도   (d) 최대우도법의 개념도

출처: Lillesand and Kiefer. 1994. 590~595.

〈그림 Ⅰ-24〉 감독분류 알고리듬의 개념도

③ 무감독분류(unsupervised classification)

무감독분류란 연구자의 개입이 없이 컴퓨터에서 화소의 통계적 특성을 이용하여 군집을 찾아 분류하는 과정이다. 즉 훈련과정이 없이 최소한의 정보만을 이용하여 주어진 알고리듬으로 영상을 분류하는 것으로 통계학의 군집분석(cluster analysis)과 유사하다. 자료의 분포형태를 컴퓨터가 분석하여 여러 개의 군집으로 분류한 후, 모든 화소를 해당 군집으로 분류한다. 연구자는 분류된 결과를 파악하고 각 군집에 의미를 부여하거나 분류계급으로 지정한다. 무감독분류는 순수하게 자료의 특성만으로 분류되어 지역의 특수성, 지역성이 개입되어 있지 않아 지리학에서는 많이 사용되지 않는 기법이다. 그러나 훈련지역을 전혀 설정할 수 없는 경우나, 감독분류를 실시하기 전에 분류 가능한 계급의 수를 결정하기 위하여 주로 사용된다.

대표적인 무감독분류기법에는 k means법과 ISODATA법이 있다. K means 법은 분광차원에서 군집의 평균을 이용하여 화소를 분류하는 기법이다. 분광차원에서 인접한 화소들을 묶어 평균점을 구한 후, 평균점에서 다시 일정거리 내의 화소를 찾아 군집화한다. 새로이 합쳐진 군집에서 다시 평균점을 계산하고 군집에 포함될 화소를 검색한다. 이러한 과정이 반복되면서 영상을 분류한다. ISODATA법은 분광차원에서 군집의 평균과 표준편차를 이용하여 화소를 분류하는 기법이다. 분광차원에서 임의의 지점에 중심점을 부여하고 군집을 분류한 후, 각 군집의 평균과 표준편차를 이용하여 군집을 조정한다. 이러한 과정이 반복되면서 영상이 분류된다.

④ 뉴럴 네트워크 분류기법

기존의 분류기법들은 기술적으로 상당히 발달해 왔음에도 불구하고, 분류결과에 대한 평가는 그다지 좋지 못했다. 기존의 분류기법들은 화소의 반사도를 통계적으로 처리하고 분류하기 때문에, 통계적 가정인 독립성 측면에서 실제의 영상과 많은 차이가 있기 때문이다. 기존의 통계적

인 분류방법을 개선하고 영상의 분류정확도를 높이기 위하여 최근에 개
발되고 있는 분류기법 중의 하나가 뉴럴 네트워크 분류기법이다. 뉴럴
네트워크 분류기법은 인간 두뇌의 계산능력을 흉내내는 분류 기법이다.
인간의 두뇌는 뉴런이라는 기본적인 요소들로 신경 시스템을 구성하고
있다. 뉴럴 네트워크는 두뇌의 신경 시스템을 흉내내어 인공뉴런을 정의
하고, 이들 간의 연결망을 구성한다. 인공뉴런들은 생물학적 뉴런을 단순
하게 표현할 수도 있으며, 다른 인공뉴런이나 지각기관으로부터 정보를
획득하고, 자료에 대한 간단한 조작을 수행하기도 한다. 이들은 다음 그
림과 같이 네트워크로 연결되어 그 결과를 다른 뉴런에 전송한다.

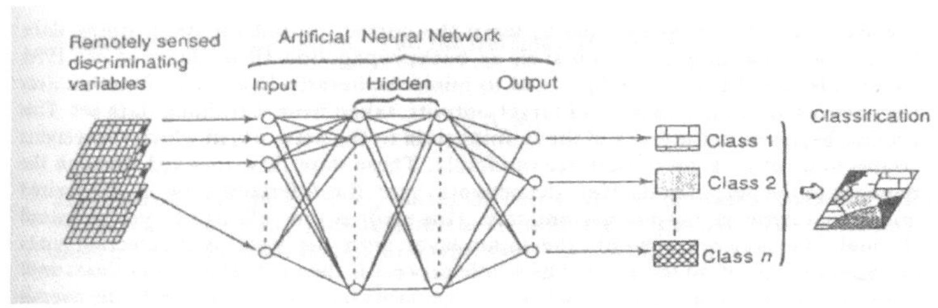

출처: Foody. 1999. 21.

〈그림 Ⅰ-25〉 뉴럴 네트워크의 기본구조

　뉴럴 네트워크는 각 레이어에 정리된 단순한 처리단위들로 구성된다.
여기서 각 레이어의 각 단위는 인접한 레이어의 모든 단위들과 연결되어
네트워크를 형성한다. 이러한 요소들은 영상의 입력자료들을 분류결과로
할당하는 역할을 담당한다. 즉 입력자료들이 인공 신경망을 통하여 처리
되면서 연결된 뉴런으로 전달된다. 이러한 과정을 통하여 최종적인 뉴런
에서는 분류결과를 얻을 수 있다. 위성영상을 처리할 때 영상의 각 화소
들은 입력 레이어로 할당되어 신경망 요소와 결합한다. 입력 레이어는
뉴럴 네트워크로 연결된 은닉 레이어에서 화소들의 특성들이 처리, 분석

된다. 이때 은닉 레이어에서 역 전파 알고리듬, 역 임피던스, 퀵 전파 알고리듬 등이 주로 이용된다. 분석된 자료는 출력 레이어로 연결되어 최종 분류결과를 생성한다.

뉴럴 네트워크 기법은 위성영상의 기본적인 특성과 관계되는 많은 요소들에 의해 정의될 수 있기 때문에 분류결과를 향상시킬 수 있다. 또한 인공뉴런의 연결로 결과를 얻을 수 있기 때문에 계산결과가 빠르며, 감각적이라 할 수 있다. 특히 전통적인 분류기법의 한계인 통계적인 독립성 가정이 필요없이 영상을 처리하기 때문에 향상된 분류결과를 기대할 수 있다. 그러나 효과적인 분류를 위해서는 분류계급을 신중히 결정하여야 하며, 신경망의 관계 역시 주의깊게 정의하여야 한다.

⑤ 퍼지 분류기법

지표면상의 정보는 연속적이고 통합적인 데 반하여 이로부터 식별되는 정보들은 비연속적이면서 뚜렷한 정보만을 요구하여 왔다. 따라서 지금가지 소개된 분류기법들은 영상의 화소가 하나의 뚜렷한 정보로만 분류하는 기법들이었다. 이러한 기법들은 그 결과가 하나의 정보만 나타낼 수 있다고 하여 Hard Classifier라 부른다. 그러나 지표면의 특성을 이러한 방법으로만 표현할 경우 실제의 많은 정보를 손실하거나 왜곡할 수 있다. 따라서 이러한 분류기법의 대안으로 등장한 것이 퍼지 분류기법 혹은 Soft Classifier이다.

퍼지 분류는 각 화소마다 정해진 분류계급을 할당하는 것이 아니라 여러 가지 분류계급이 혼합된 형태, 즉 혼합 화소로 정의한다. 결과화소에는 퍼지 분류로 발생한 멤버쉽 정보로 인하여 다양한 유형이 정의되며, 이들이 퍼지로 고려되어진다. 즉 각 분류계급마다 분류될 확률이 멤버쉽으로 정의되어, 분석가는 각 화소들이 어느 정도의 가능성을 가지고 지표면의 정보가 식별되는가를 알 수 있다. 퍼지 분류의 결과는 하나의 주제도가 아니라 각 분류계급별로 멤버쉽이 정의된 다중 레이어의 자료로 생

성된다. 기존의 분류기법은 분류될 확률이 가장 높거나 통계량이 가장 유
사한 계급 하나로만 분류계급이 할당되지만, 퍼지분류에서는 각 통계량을
이용하여 멤버쉽 값을 계산하여 결과를 표현하고 있다. 〈그림 Ⅰ-26〉은
기존의 분류기법과 퍼지 분류기법을 비교하여 표현한 것이다.

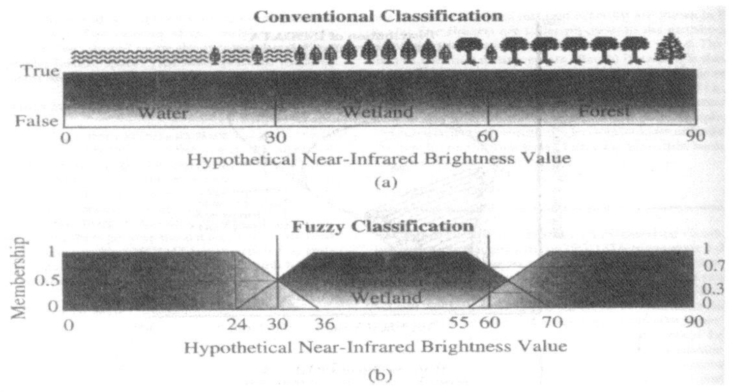

출처: Jensen. 1996. 240.

〈그림 Ⅰ-26〉 기존의 분류기법과 퍼지 분류기법

퍼지분류는 혼합 화소를 인정하고, 화소에서 각 분류계급으로의 멤버
쉽을 표현하여 분류의 애매한 정도를 표현하고 있다. 분류결과가 명백히
표현되던 기존의 분류기법과는 달리 분류결과가 멤버쉽으로 애매하게 표
현되어 있어 일반 사용자들은 퍼지 분류기법에 대하여 거부감을 느낄 수
도 있다. 그러나 퍼지 분류기법은 지표면과 우리 주위에 내재하고 있는
애매함을 표현한 기법이다. 또한 Hardener를 이용하면 퍼지 분류결과를
일반적인 분류결과로 변환할 수도 있기 때문에 향후 많은 분석가들이 영
상분석에 이용할 수 있는 기법이라 할 수 있다.

(2) 공간 패턴인식기법

전통적인 영상분류 기법은 지표면의 분광특성, 즉 빛에너지가 물체로부터 반사, 방사되는 에너지의 파장대별 세기에 의해 결정지어졌다. 그러나 지표상의 물체는 크기, 모양과 같은 공간적인 특성으로 인하여 구분될 수 있다. 공간패턴인식을 이용한 분류기법은 지표면 대상물의 공간적인 특성으로 정보를 추출하는 기법이다.

영상으로부터 정보를 추출할 때, 각 화소의 반사도의 차이뿐만 아니라 형태, 위치, 방향 등과 같이 반사도의 공간적인 관계로 형성된 특징을 이용하여 영상을 분석한다. 대표적인 공간적 영상분류 기법이 구조특성을 이용한 분류기법이다. 구조특성이란 영상 좌표계의 2차원 공간에서의 특성만이 아닌 다양한 형태의 특성을 표현하는 것이다. 이를 수학적, 계량적으로 정량화하기 위해서는 영상에서 통계적인 모델을 이용하여 화소 반사도의 공간적인 분포를 분석하는 방법이 사용되고 있다. 대표적인 기법으로 GLC 행렬과 베리오그램이 있다.

① GLC 행렬(grey-level co-occurance matrix)
디지털 영상에서 2차 통계변수의 추출을 위해 사용된 행렬이다. GLC란 i의 반사도를 가지는 화소가 미리 정의된 거리를 이동했을 때, j의 반사도를 가질 확률을 나타낸다. GLC는 화소가 이동하였을 때 동일한 화소값을 갖는 빈도수를 나타낸다.

원래 위치에서의 화소의 값이 이동한 위치에서 어떠한 값으로 변화하였는가에 따라 해당 경우의 행렬에 빈도수를 측정하고 이를 행렬로 표현한다. 이러한 행렬값에 전체 빈도의 수를 나누어 분수로 표현한 것이 GLC이다. GLC 행렬의 크기는 반사도의 방사해상도, 즉 디지털로 표현되는 반사도의 범위에 따라 정해진다. 예를 들어 8bit 영상일 경우 255×255의 크기를 갖는다. GLC 행렬에서 높은 값을 갖는 항이 대각선

주위로 밀집되어 있는 경우는 영상이 거의 같은 반사도를 갖는 화소들로 이루어져 있다고 할 수 있으며, 반대로 높은 값을 갖는 항이 대각선에서 떨어져 있을 경우는 주변의 영상이 서로 다른 성질을 갖는 화소로 이루어져 있다고 할 수 있다.

GLC 행렬 전체를 영상의 구조특성으로 사용하기에는 컴퓨터 메모리의 문제나 수학적으로 어렵다. 따라서 GLC 행렬에서 그 특징을 단 하나의 값으로 나타낼 수 있는 특정의 구조특성을 추출하여 사용한다. 대표적인 것으로는 ASM(Angular Secont Momont)와 IDM(Inverse Different Moment)가 있다. ASM은 GLC 행렬 각 항의 제곱합으로 구하며, 대상 영상의 단일성을 나타낸다. 즉 모든 영상이 동일한 값일 경우 1의 값을 가진다. IDM은 분모에 화소값의 차이(i-j)를 반영하여 단일영상이더라도 주변 화소값의 차이를 반영한다. 위성영상에서 적정한 거리를 선택하여 구조측정 기법을 영상에서 수평, 수직, 대각선 방향으로 적용하여, 경계선의 영향을 배제한 영상을 얻게 되고 이 영상에서 임계치 결정을 통하여 영상의 특성을 분류할 수 있다.

② 베리오그램 측정법

베리오그램 측정법은 구조특성을 이용한 분류과정에서 GLC 대신 베리오그램을 측정하여 그 특성을 결정하는 기법이다. 베리오그램은 주위 화소들과의 유사한 정도를 거리에 따라 표현한 것으로, 공간적 자기상관이 얼마나 있는가를 측정할 때 주로 사용되어 왔다. 베리오그램을 통하여 공간적 자기상관을 포함한 특정 구역의 구조특성을 통계적으로 표현할 수 있으며, 이를 이용하여 구조특성을 분류하는 것이 베리오그램 측정법이다.

화소의 위치를 각각 x, y로 정의하고, 화소의 값을 G(x, y)로 주어질 때, 베리오그램은 다음과 같이 계산된다.

$$\gamma(h) = \frac{1}{2N} \sum_{i=1}^{N} [G(x,y) - G(x',y')]^2$$

여기서 h는 화소의 위치 G(x, y)와 주위의 화소의 위치 G(x', y')사이의 유클리드 거리이다. N은 G(x, y)와 G(x', y')로 맺어진 화소쌍의 총 수이다. G(x', y')를 정의하기 위하여 좌우, 상하, 대각선의 4가지 방향을 정의하면, 4가지의 식으로 변경될 수 있다. 이와 같이 방향성을 가진 베리오그램을 Directional 베리오그램이라 한다. 이들은 특별한 방향 특성을 보여주는 구조특성을 분류하거나 분석하는 데 적합하다. 이에 반하여 모든 공간 방향에서 동일한 구조특성을 보여주는 베리오그램을 Omni-directional 베리오그램이라 한다. 이 베리오그램은 4가지 방향의 베리오그램들을 평균하여 계산된다.

베리오그램을 이용하여 영상을 처리하기 위해서는 영상을 일정한 크기로 분할한 후 각 분할된 구역마다 베리오그램을 구한다. 분할된 구역 중에서 훈련지역을 선택하여 베리오그램을 구하고 나머지 구역이 훈련지역의 베리오그램과 유사하면, 훈련지역의 분류계급으로 분류한다.

구조특성 분류기법은 지표면의 공간적인 특성을 이용하여 정보를 추출하는 기법으로, 고해상도 영상과 같이 분광해상도보다는 공간해상도가 높은 영상으로부터 정보를 추출할 때 효과적인 기법이라 할 수 있다.

4) 영상처리와 GIS의 통합

위성영상을 분류한 최종적인 결과는 하나의 주제에 대한 공간정보로서 GIS의 데이터로 활용되며, 다른 주제 정보와 결합되어 다양한 분석을 할 수 있다. 수치영상처리과정에서 획득된 영상이나 지리정보는 수치의 형태를 가지고 있으므로 각종 지리분석과 GIS에 효과적으로 통합되어 사용될 수 있다. GIS의 자료원으로서 원격탐사가 이용되고 있으며, 반대로 원격탐사에서 정확한 정보를 취득하기 위하여 GIS 기법이 이용되고 있다. 이와 같이 원격탐사와 GIS 간의 경계가 허물어지고 있다. 위성영상 처리과정에서 GIS 기법을 적용하여 분석한 대표적인 사례는 다음과 같다.

(1) 여러 시간 자료의 결합(multitemporal data)

위성영상은 같은 지역의 자료를 여러 시기에 걸쳐 취득할 수 있다는 장점이 있다. 즉 시간적인 간격을 두고 같은 지역을 주기적으로 관찰할 수 있다. 지표면의 식생이나 토지의 경우 시간과 계절에 따라 다른 특성이 나타난다. 따라서 보다 정확한 자료의 분석과 시각적인 해석을 위해 한 지역을 여러 날짜에 촬영한 사진을 결합하는 것이 효과적이다. 특히 식생이나 작물을 파악할 때 계절별 변화를 이용하면 분류정확도가 향상될 수 있다. 이와 같이 여러 시간의 자료를 이용하면 단일 시간의 영상에 비하여 분류정확도가 향상될 수 있다.

(2) 변화분석(change detection)

변화분석이란 여러 날짜에 촬영한 영상을 분석하여 토지 피복의 변화를 분석하는 것이다. 위성영상은 같은 지역을 주기적으로 촬영하기 때문에 이러한 변화분석을 효과적으로 수행할 수 있다. 변화분석을 통하여 눈이나 홍수지역과 같은 단기간의 변화도 파악할 수 있으며, 도시역 확장, 사막화와 같은 장기간의 변화도 분석할 수 있다. 올바른 변화분석을 위해서는 다음과 같은 조건들이 만족되어야 한다. 가능하면 같은 센서를 사용하여야 하며, 비슷한 계절시기, 즉 매년 같은 시기에 촬영된 영상이어야 한다. 또한 기하보정이 엄밀하게 수행되어 영상들이 어긋나지 않아야 한다. 변화분석의 방법은 각 시기별 영상을 따로 분류한 후 변화를 분석하는 방법과 각 시기별 영상을 결합한 후 분류하여 변화지역이라는 분류항목을 구하는 방법이 있다.

(3) 다른 센서의 영상을 융합(multisensor image)

SPOT과 LANDSAT, IRS-1C 등 다른 센서에서 촬영한 영상들을 섞어 새로운 영상을 제작하는 분석방법이다. 일반적으로 높은 공간해상도를 가진 낮은 분광해상도의 영상과 낮은 공간해상도이지만 높은 분광해상도를 가진 영상을 융합하여 높은 공간해상도를 가진 높은 분광해상도의 영상을 제작한다. 예를 들면 높은 공간해상도의 IRS-1C와 높은 분광해상도의 LANDSAT TM을 융합하여 5미터 해상도를 가진 7개 밴드의 영상을 제작하고 분석할 수 있다.

(4) 보조자료를 영상자료와 합병(merging of image data with ancilary data)

영상을 분류하는 과정에서 수치고도모델(DEM)과 같은 GIS 자료들을 이용하는 기법이다. 이와 같은 GIS 자료를 이용하여 위성영상을 표현할 때 시각적 기능이 향상될 수 있다. 또한 수치고도모델을 이용하여 그림자 효과나 태양고도 조절과 같은 영상의 왜곡을 보정할 수 있다. 또한 영상의 분류과정에서 다양한 GIS 자료를 병합하여 영상의 분류정확도를 향상시킬 수 있다.

(5) 토지피복 분류과정에 GIS 자료의 이용(incorporating GIS data)

토양도, 센서스 통계, 지적도 등의 GIS 자료를 이용하여 토지피복을 분류할 때 결정규칙(decision rule)을 이용하는 기법이다. 영상의 분류과정에서 각각의 경우마다 규칙을 두어 자료를 처리하고 각 단계의 결과를 다시 이용하여 영상에서 지리정보를 추출한다. 최근 이러한 규칙기반(rule based) 혹은 지식기반(knowledge based) 분류기법들이 개발되어 영상의 분류정확도를 더욱 향상시키고 있다.

제2부

위성영상의 활용기법

: 해안습지 분석

4. 해안습지 토지피복 분류

1) 원격탐사를 이용한 해안습지 분석

원격탐사와 GIS는 지표상의 다양한 종류의 정보를 수집하고 분석할 수 있는 효과적인 기법이다. 오래전부터 원격탐사와 GIS의 주요 연구대상이었으며, 최근에도 지속적으로 연구되고 있는 대상 중의 하나가 해안습지이다. 해안습지는 육상 생태계와 해양 생태계가 만나는 점이지대로 다양한 지형과 식생군락을 형성하는 독특한 지형이다. 해안습지는 환경의 변화에 따라 시공간적인 변화가 다양하며 관점에 따라서는 다양한 형태의 토지피복이 나타나고 있어 지리학에서 관심이 증가하고 있는 지역이다. 해안습지는 경제적 가치가 큰 어패류와 해양생물의 서식지이며, 육상으로부터 유입되는 각종 오염물질을 정화하고, 해일이나 폭풍과 같은 자연재해로부터 육상생태계를 보호하기도 한다. 이러한 해안습지를 조사하기 위해서는 습지를 구성하고 있는 하위단계의 단위 생태계로 구분하고 분석하여야 한다. 이러한 과정에서 직접측량과 현지조사, 원격탐사 등의 조사방법이 동원된다. 한편, 해안습지는 지형이 불안정하고 식생밀도가 높아 연구자가 직접 조사하기에는 많은 제약이 따른다. 따라서 원격탐사를 이용하여 해안습지를 구분하고 현지조사를 통하여 구체화시키는 과정이 적용된다면 시간과 노력을 크게 절약할 수 있다.

원격탐사를 이용하여 습지를 분석하면 다음과 같은 장점이 있다. 첫째, 시간과 비용의 측면에서 효과적이다. 원격탐사를 이용하여 파악된 영상으로 방대한 면적의 습지나 접근이 불가능한 습지를 쉽게 파악할 수 있다. 또한 직접 조사에 필요한 비용과 시간을 절약할 수 있다. 그러나 정확한 습지분석을 위해서는 영상의 분석과 함께 현지조사 과정이 병행되어야 한다. 둘째, 원격탐사 영상은 가시광선뿐만 아니라 다양한 분광밴드에서의 영상을 제공하기 때문에 다양한 분광특성을 가진 지역을 명확히 분석할 수 있다. 특히 식생과 토양은 녹색밴드와 적외선 밴드에서 뚜렷한 분광특성을 보이고 있으며 수문은 적외선 밴드에서 거의 흡수되는 특성을 보이고 있다. 이와 같이 습지의 특성을 나타내는 식생, 수문, 토양 등의 세 가지 요소들이 다중분광 영상으로부터 쉽게 파악될 수 있다. 셋째, 원격탐사 영상 중에서 특히 위성영상은 16일 혹은 18일 간격으로 주기적인 영상을 제공하기 때문에 안정적인 감시활동이 가능하다. 습지분석의 목적 중 하나가 습지의 변화를 감시하는 것이다. 이를 위해서는 주기적인 조사가 필수적인데, 직접 조사하거나 항공사진을 이용할 경우 경제적 이유로 조사의 주기가 불규칙하기 마련이다. 위성영상을 이용하면 일정한 간격의 자료를 계속 구할 수 있으므로 안정적인 습지변화 관찰을 할 수 있다. 넷째, 원격탐사에 의한 영상은 수치의 형태로 되어 있으므로 자료의 조작과 분석, 그리고 저장이 용이하다. 수치영상처리를 통하여 분석된 영상자료는 곧바로 데이터베이스로 저장될 수 있으며, 수정과 관리도 용이하다. 영상처리를 통하여 구축된 습지관련 데이터베이스는 GIS 분석에 이용될 수 있으며, 이를 이용하여 습지변화 모델링 등과 같은 체계적인 습지의 분석과 관리를 할 수 있다.

습지에 대한 지리정보를 데이터베이스로 구축하고 분석하기 위해서는 분류하고자 하는 모든 계급을 선정하고 정의하여야 한다. 이때 분류체계가 이용된다. 분류정보는 체계적으로 올바르게 정의되어야 하며, 논리적 기준에 맞게 조직되어야 한다. 분류체계가 정립되지 못하면 영상을 분석할 때마다 다른 종류의 습지유형이 나타나고, 이는 자료의 호환을 저해함은 물론 습지변화 모델링과 같은 기본적인 습지분석 과정이 어렵게 된다. 지금까지 미국에서 습지와 관련한 대표적인 분류체계는 다음의 세 가지가 연구되어 왔다.

첫 번째는 미국 수산야생부(U.S. Fish and Wildlife Service, USFWS)의 습지분류체계이다. 원격탐사 자료와 현장 조사로부터 얻어진 정보를 이용하기 위한 습지분류체계를 개발하였다. 이 분류체계는 생태적 분류법을 채택하여, 자원 관리자들에게 유용한 체계로 정리하고, 개념과 용어의 통일성을 제공하고 있다. 습지는 식생특성, 토양, 범람빈도에 따라 분류된다. 어류야생동물부에서 제시한 분류체계는 생태적 입장에서 습지의 관리와 보전을 위하여 개발된 것으로 위성영상을 통하여 분류할 수 있는 분류체계와는 거리가 있다. 습지의 지도화와 분석을 위해서는 원격탐사를 통하여 판독이 가능한 체계가 필요하다.

두 번째는 미국 지질조사국(USGS)의 토지이용/토지피복 분류체계이다. 이 체계는 원격탐사를 이용하여 토지의 피복유형을 분석할 때 기본적인 유형을 제시하기 위하여 개발되었다. 이 분류체계는 인간의 활동이 개입된 토지이용 분류체계이기보다는 인간이 토지를 이용한 결과 나타나는 토지피복의 형태를 원격탐사로 분석할 수 있도록 개발된 분류체계라 할 수 있다. 이 분류체계는 여러 가지 축척과 해상도에서 촬영된 원격탐사 자료의 해석을 위해 고안되었다. 처음에는 항공사진을 시각적으로 판독하여 분석되는 토지이용 자료를 포함하기 위해 개발되었으나, 현재는 다중분광밴드 영상을 분류하는 연구에 널리 이용되고 있다. USGS의 토지피복 분류체계는 영상에서 나타날 수 있는 모든 지표면의 특성들을 일반화하여 정리한 범용 목적의 분류체계라 할 수 있다. 이 분류체계는 level을 높일수록 하위항목이 세분되는 계층형 구조를 지니고 있다. 그러나 습지관리와 같이 특정한 목적으로 영상을 분석할 경우 이와 같은 범용의 분류체계는 세부적인 특성을 반영하지 못하기 때문에 조심스런 접근이 필요하다.

세 번째는 NOAA의 C-CAP 분류체계이다. 앞에서 제시한 두 가지의 분류체계는 각각 습지와 토지피복이라는 특수한 목적하에서 개발되었다. 원격탐사를 이용하여 습지를 지도화하고 관리하기 위해서는 두 가지 분류체계가 조화를 이룬 새로운 분류체계, 즉 원격탐사를 위한 습지 분류체계의 정립이 필요하다. 미국의 NOAA(National Oceanic and

Atmospheric Administration)에서는 원격탐사 영상을 이용하여 해안습지를 파악하고 관리하는 C-CAP 프로젝트가 실시 중에 있다. C-CAP는 해안변화분석 프로그램(Coastal Change Analysis Program)의 약자로 미국의 정부와 학계가 공동으로 추진하는 해안지역의 습지와 서식지를 효과적으로 관리하기 위한 프로젝트이다. C-CAP에서는 기존의 두 가지 분류체계, 즉 수산야생부(USFWS)와 USGS의 분류체계를 참고로 새로운 분류체계를 개발하였다. 이 분류체계 역시 계층형 체계를 따르고 있다. 대분류체계는 3가지 유형으로 구성되어 있으며, 각각 육지(upland), 습지(wetland), 수역(water and submerged land)으로 구분된다. 각각의 대분류 계층들은 세부적인 내용에 따라 중분류와 소분류로 세분된다. 이 중 습지와 수역 계층들이 습지관리를 위해 중점적으로 연구대상이 되는 분류유형이다. 이 분류체계는 원격탐사 영상으로부터 분류가 가능하도록 생태적 관계와 토지피복 유형을 기초로 개발되었다.

2) 순천만 해안습지 현황

순천만은 순천시에서 남쪽에 위치하여 왼쪽으로는 여수반도와 오른쪽으로는 고흥반도에 둘러싸인 만(bay) 지형이다. 순천만은 넓은 갯벌과 갈대군락이 분포하여 있는 것이 특징이다. 순천만의 해안선은 총 39.8km이며 행정구역상으로 순천시 인안동, 다대동, 해룡면 선학리, 벌량면 우산리, 학산리, 무풍리, 마산리, 구룡리에 포함된다. 순천만에 유입되는 하천으로는 동천과 이사천이 있는데, 순천만 입구에서 합류한다.

순천만은 갯벌의 면적이 21.6km^2 갈대밭의 면적이 5.4km^{2}를 이루고 있으며 평균수심은 1.5m이다. 순천만 해역은 수심이 얕고 잘 발달된 사니질로 형상되어 있어, 고막, 새고막 등 패류 양식업이 성행하고 있다. 그러나 최근에는 어장의 노후화와 육지의 도시로부터 유입되는 오폐수 등의 영향으로 인하여 어장환경이 날로 악화되고 있다. 특히 상사댐이 건설된 이후 이사천의 유속이 느려짐과 동시에 주기적인 흐름을 유지하여 동천 하구의 토사 퇴적이 많아지고 또한 갈대의 천이가 점점 하천과 바다 쪽으로 진행되면서 어장의 기능이 더욱 악화되고 있는 실정이다.

순천만으로 유입되는 하천인 동천하류의 염생습지에는 갈대가 짙은 밀도로 자라고 있으며, 특히 하천 주변의 넓은 면적의 둔치와 방조제 주변에는 친수성 사초, 억새 등의 식물이 무성하게 자라고 있다. 그리고 외해에 가까운 갯벌 지역에는 천이 초기단계의 식생 군락이 부분적으로 발달되어 있다.

순천만 인근의 육상부는 중앙의 순천시를 중심으로 서쪽으로 산악지형이 형성되어 있다. 순천시 인근의 남산(346.2m)을 비롯하여 상사댐 남단의 운동산(465.2m), 호사산(523.2m), 오봉산(590.5m), 제석산(563.3m) 등 비교적 높은 산들이 순천만의 서쪽에 분포하고 있다. 순천시를 중심으로 남쪽으로는 평지가 분포하고 있어, 논농사를 위한 경지와 취락으로 이용되고 있다. 특히 순천시 남단의 오천동과 홍내동에는 넓은 답작지역이 형성되어 순천만과 연결되어 있으며, 순천만 북서쪽의 대대동과 안풍동, 벌량면 쌍림리와 우산리 일대에도 논농사를 위한 경지가 넓게 분포되어 있다. 그 남단에는 돌산(295.2m)과 봉화산(235.9m)이 평지위에 분포하고 있다. 순천만의 동쪽 육상부는 순천시와 광양시 사이의 웅방산(230m)과 서산(253.3m), 여수반도의 천황산(126.8m)과 앵무산(343.4m), 국사봉(290.9m), 황새봉(396.0m) 등 몇몇 산악지역을 제외하고는 대체로 평지가 분포되어 있다. 산악지역은 대부분 짙은 식생으로 피복되어 있으며, 평지의 경우 답작지역과 취락으로 구성되어 있다.

3) 위성영상을 이용한 토지피복 분류

(1) 영상자료의 전처리

순천만 지역의 영상처리를 위하여 LANDSAT TM 영상을 사용하였다. LANDSAT 위성은 미국의 항공우주국(NASA)에서 자원관리와 지도화를 위하여 운영하고 있는 시스템으로써, TM(Thematic Mapper) 센서를 탑재하여 고해상도의 영상과 함께 다양한 파장대의 지표정보를 제공해 주고 있다. 현재 운영 중인 LANDSAT 5호의 경우, 30m의 공간해상도를 가지고 있으며, 가시광선 파장대의 3개 밴드와 적외선 파장대의 4개 밴드 등 모두 7개의 밴드를 제공하고 있다. 특히 다양한 적외선 밴드는 식생과 습지, 토지피복도 등 다양한 환경 분야에의 적용을 가능하게 하고 있다. LANDSAT TM 자료의 한 영상은 남북 170km, 동서 185km의 지상면적을 5965×6920 크기의 래스터 자료형태로 기록하고 있다. 순천만 지역의 영상은 path 115, row 36에 해당된다.

LANDSAT 위성은 약 705km 상공에서 지표면의 영상을 촬영하기 때문에 촬영 시 발생하는 기하학적 왜곡이 발생한다. 특히 위성에서 촬영하고 있는 순간에도 지구가 자전하기 때문에 영상은 직사각형이 아닌 평행사변형의 형태로 왜곡되어 있다. 이를 보정하고 영상자료에 지리적 위치를 부여하기 위해서는 지상기준점(Ground Control Point)을 이용한 기하학적 보정과정이 필수적이다.

〈그림 Ⅱ-1〉은 순천만 지역의 LANDSAT TM 영상이다. 이 영상은 위성으로부터 촬영할 때 발생하는 기하학적 왜곡을 담고 있다. 영상이 전반적으로 반시계 방향으로 기울어져 있으며, 각 영상의 화소들은 지리좌표를 참조하고 있지 않다. 따라서 이러한 영상의 기하학적 왜곡을 보정하기 위해서는 기하학적 보정(geometric correction)이 필요하다.

순천만 지역의 기하보정을 위하여 전체 지역을 촬영한 영상으로부터 순

천만 지역의 영상을 절출하였고, 이 영상을 대상으로 지상기준점 선정작업
을 진행하였다. 지상기준점은 영상에서 뚜렷이 구별되면서 지도상에 실제
의 위치정보가 표현되어 있는 지점을 선정하였다. 총 42개의 지상기준점을
선정하여 영상에서의 위치와 지도상의 위치를 기록하였다〈그림 Ⅱ-2〉.

〈그림 Ⅱ-1〉 순천만 지역의 LANDSAT
TM 영상

〈그림 Ⅱ-2〉 GCP 선정

기록된 지상 기준점을 이용하여 영상이 재배열됨으로써 기하학적 보
정과정이 완료된다. 재배열의 결과 기하보정된 영상은 〈그림 Ⅱ-3〉과 같
다. 재배열은 영상처리 시스템인 ER-Mapper 5.5를 이용하여 처리하였다.
기하보정된 영상은 지리좌표 참조화되어 있기 때문에 각 화소마다
TM(Transverse Mercator) 좌표체계에 의한 위치정보가 표현되어 있다.
  이 영상으로부터 연구에 사용될 지역을 절출하였다. 연구지역의 위치
는 TM 좌표로 236630 E로부터 251990 E, 145280 N으로부터 160640 N
에 해당된다. 이상의 과정을 통하여 연구에 사용될 순천만 지역의 영상
을 마련할 수 있다. 연구자료의 크기는 512행×512열이며, 235.9 km2의
지상면적을 가지고 있다〈그림 Ⅱ-4〉.

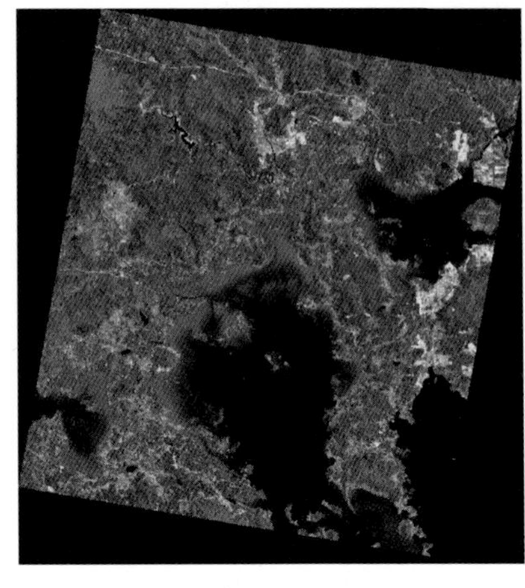

〈그림 Ⅱ-3〉 기하보정된 영상   〈그림 Ⅱ-4〉 연구지역 절출

(2) 토지유형 분류체계 설정

순천만 지역의 토지유형 특성을 파악하기 위해서는 지표면의 특성을 유형화하고 체계적으로 조직하여야 한다. 우리나라의 경우 습지를 분류하는 기준이나 원격탐사 영상의 분류를 위한 기준이 아직 마련되어 있지 않다. 미국의 경우 수산야생동물부(USFWS)에서 습지의 분류기준을 설정하여 습지지도 제작에 이용하고 있으며, 미국 지질조사국(USGS)에서는 원격탐사 영상의 분류를 위한 기준을 제공하고 있다. 아울러 NOAA에서는 원격탐사를 이용한 습지의 보전과 관리를 위한 분류기준을 제공하고 있다. 여기서는 순천만 습지지역의 토지유형 분류를 위하여 미국에서 사용하고 있는 토지피복 분류체계와 습지 분류체계를 참조하고 순천만 지역의 특성을 반영할 수 있는 토지유형 분류체계를 설정하였다.

순천만 지역의 체계적인 토지유형 분류를 위하여 계층적인 토지유형 분류방법을 택하였다. 습지지역의 대분류 기준을 참조하여 육상부, 수부, 습지의 세 가지 유형으로 대분류를 설정하였다. 대분류 하위에는 원격탐사 영상의 분류기준과 순천만 지역의 토지유형 특성을 참조하여 중분류를 설정하였다. 육상부의 경우, 식생, 도시역, 경지의 세 가지 분류유형을 설정하였다. 도시역은 건물이나 도로와 같은 인공구조물과 인구 밀집지역이 포함되어 있으며, 경지는 농경을 위해 이용되고 있는 지역을 포함한다. 순천만 지역의 경우는 대부분 답작지역으로 이루어져 있다. 식생은 삼림과 내륙의 식생밀집지역이 포함되어 있다. 습지의 경우 식생이 피복되어 있지 않은 갯벌과 식생이 피복되어 있는 염생습지로 구별하였다. 순천만은 식생이 피복되어 있는 염생습지가 다른 해안지역에 비하여 비교적 넓게 분포되어 있다. 설정된 계층적 토지유형은 〈표 Ⅱ-1〉과 같다.

〈표 Ⅱ-1〉 순천만 지역의 토지유형 분류체계

대 분 류	중 분 류
습지(Wetland)	갯벌(Estuarine Unconsolidated Shore)
	염생습지(Estuarine Emergent Wetland)
육상(Upland)	도시역(Developed Land)
	경지(Cultivated Land)
	식생(Woody Land)
수역(Water)	수역(Water)

*() 안은 미국 NOAA의 C-CAP에서 사용 중인 분류체계

(3) 훈련지역 설정

원격탐사 영상으로 속성정보를 추출하기 위해서는 훈련지역을 설정하여 영상의 분류에 필요한 기본적인 통계값을 구하여야 한다. 영상으로부터 연구자가 추출하려는 속성을 전형적으로 가지고 있는 지역을 선정하여 해당 지역의 분광특성을 분석하게 된다. 따라서 훈련지역은 전형적인 지표정보를 가진 등질적인 지역이어야 한다. 훈련지역은 지형도로부터 후보지역을 일차적으로 선정한 후 현장답사를 통하여 구체적인 위치를 선정한다.

순천만 지역의 속성 정보 추출을 위하여 선정된 6개의 분류체계를 대상으로 각 분류항목별로 2개 지역씩 모두 12개의 훈련지역을 설정하였

다. 훈련지역은 폭 480m 이상의 넓은 지역에서 균등한 토지유형을 보이는 지역들을 선택하였다. 훈련지역으로 선정된 지역은 〈표 Ⅱ-2〉와 같다.

〈표 Ⅱ-2〉 훈련지역의 위치

토지유형 분류체계		훈련지역 위치
대분류	중분류	
습 지	갯 벌	별량면 호동리 남단, 해룡면 상내리 서안
	염생습지	순천시 대대동 포구 남단, 해룡면 산학리 서안
육 상	도시역	순천시 장천동 시가, 순천역 풍덕동 시가
	경 지	순천시 안풍동, 해룡면 성산리
	식 생	별량면 운천리, 해룡면 앵무산
수 역	수 역	순천만 해역, 별량면 운천리 운천저수지

선정된 훈련지역을 영상에 표현한 결과는 〈그림 Ⅱ-5〉와 같다. 영상에서 훈련지역은 폐합된 다각형(closed polygon) 형태로 표현된다. 훈련지역이 선정되면 영상처리 시스템에서는 다각형 내에 포함된 영상의 화소들을 추출한다. 추출된 화소를 대상을 훈련지역별로 기초통계량을 계산한다. 평균, 표준편차, 최대, 최소와 같은 기초통계량이 계산된다. 이들 기초통계량은 밴드별로 계산된다. 또한 밴드 간의 공분산이 계산되는데, 이것은 훈련지역의 통계량을 기초로 속성정보를 분류할 때 밴드 간의 통계적 관계를 고려하기 위하여 계산된다.

선정된 훈련지역을 대상으로 원격탐사 영상의 통계적 특성이 계산되며 이를 바탕으로 속성정보의 분류과정이 진행된다. 원격탐사 영상의 분류를 위해서는 훈련지역과 밴드별로 측정된 기본통계량과 아울러 밴드 간의 공분산 행렬이 필요하다. 훈련지역의 기본적인 통계만으로는 밴드별 토지유형의 특성은 파악할 수 있지만 밴드를 조합한 분광특성은 파악할 수 없기 때문이다. 일반적으로 훈련지역의 통계특성을 저장하는 signature 파일에는 밴드별로 기본적인 통계량과 함께 해당 계급에서 밴드 간의 공분산 행렬이 함께 저장된다.

(4) 순천만 지역의 토지정보 분류와 평가

설정된 토지유형과 훈련지역을 이용하여 순천만 지역의 영상을 감독분류 하였다. 감독분류는 연구자가 사전에 훈련지역의 선정을 통하여 분류할 계급의 통계적 특성을 정의하면, 영상의 나머지 지역의 분류 계급은 사전에 설정된 훈련지역의 통계량과 비교하여 부여되는 기법이다.

순천만 지역의 영상을 대상으로 6개 계급으로 토지정보를 분류하였다. 분류된 결과는 〈그림 Ⅱ-6〉과 같다. 그림에서와 같이 원격탐사 영상이 수역, 갯벌, 식생, 경지, 도시역, 염생습지의 6가지 토지유형으로 분류되어 속성정보로 변환된다. 변환된 속성정보는 래스터 데이터 형태로 GIS 분석에 통합될 수 있다. 그러나 이에 앞서서 영상이 얼마만큼 정확히 분류되었는가를 평가하는 정확도 평가절차를 거쳐야 한다.

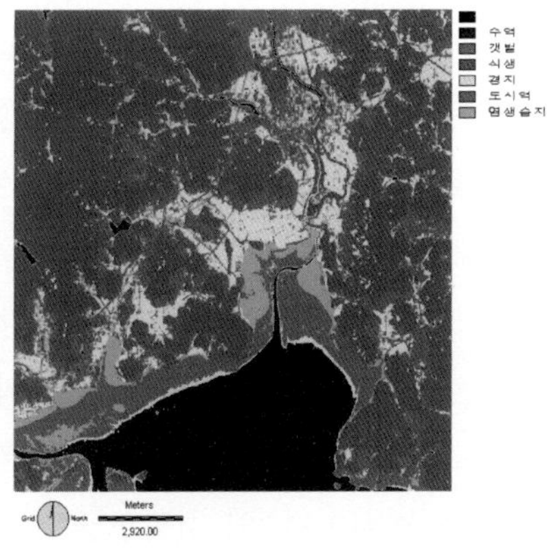

〈그림 Ⅱ-5〉 영상에서 훈련지역의 표현   〈그림 Ⅱ-6〉 영상의 토지유형 분류결과

분류결과를 평가하기 위하여 참조지도를 30m 해상도로 래스터화 한 후 분류된 영상과 중첩하여 분류정확도를 측정하였다. 측정된 결과는 〈표 Ⅱ-3〉과 같다.

<표 Ⅱ-3> 순천만 영상에서 추출된 속성의 정확도 평가

	수 역	갯 벌	식 생	경 지	도시역	염생 습지	총 합	제작자 정확도
수 역	32,376	0	2	9	21	0	32,408	99.90%
갯 벌	374	14,437	1	16	31	91	14,950	96.57%
식 생	385	3	96,981	1,628	317	40	99,354	97.61%
경 지	5,946	1709	8,014	37,379	2,954	588	56,590	66.05%
도시역	668	476	15,095	5,029	30,625	468	52,361	58.49%
염생습지	85	1,422	50	297	474	4,153	6,481	64.08%
총 합	39,834	18,047	120,143	44,358	34,422	5,340	262,144	
사용자 정확도	81.28%	80.00%	80.72%	84.27%	88.97%	77.77%		

전체 정확도: 82.4%
Kappa Index: 76.2%

<표 Ⅱ-3>과 같이 참조지도와 분류결과의 화소값의 일치하는 정도를 교차 테이블의 형태로 표현하는 방법을 오차행렬이라 한다. 오차행렬은 참조지도에 의해 표현된 실제의 속성정보와 원격탐사 영상의 분류에 의해 표현된 속성정보 간의 일치여부를 빈도로 표현하여 행렬형태로 표현한 것이다. 오차행렬의 각 행에는 실제의 속성정보가 기록되며, 각 열에는 영상에 의해 분류된 속성정보가 기록된다. 오차행렬에서 대각선에 위치하는 빈도수는 실제의 속성과 분류 속성이 일치하는 빈도수가 된다. 분류의 전체 정확도는 이 오차행렬의 대각선 빈도수의 합과 전체 영상의 픽셀수와의 비율로 표현된다. 분류계급별 정확도는 두 가지 방식으로 표현된다. 하나는 오차행렬의 대각선의 값과 각 열의 합, 즉 참조지도에서 각 항목의 값과의 비율로 표현하는 방식이다. 이 정확도를 제작자 정확도(producer's accuracy)라 하는데, 연구자가 주어진 기준 내에서 분류가 얼마나 정확히 이루어졌는가를 판단할 때 사용된다. 다른 하나는 오차행렬의 대각선의 빈도를 각 행의 합, 즉 분류된 항목의 합과의 비율로 표현하는 방식이다. 이것을 사용자 정확도(user's accuracy)라 한다. 이것은 지도에서 표현된 항목이 실제로 어떻게 표현되고 있는가를 판단할 때 사용된다. 전체 정확도와 제작자 정확도, 그리고 사용자 정확도를 모두 고려하여 영상의 정확도를 평가하여야 한다.

전체 영상의 정확도는 우연히 정확할 확률이 포함되어 있어 엄격한 의미의 정확도로 사용되지 않는다. 따라서 우연히 정확할 확률을 제외한 Kappa 지수가 정확도 검증에 주로 사용되고 있다. Kappa 지수의 계산법은 다음과 같다.

$$\widehat{K} = \frac{N \sum_{i=1}^{r} x_{ii} - \sum_{i=1}^{r} (x_{i+} \times x_{+i})}{N^2 - \sum_{i=1}^{r} (x_{i+} \times x_{+i})}$$

여기서, r은 오차행렬의 행의 수이며, x_{ii}는 오차행렬에서 대각선의 값, 즉 분류영상과 참조지도가 일치하는 빈도이고, x_{i+}와 x_{+i}는 각각 오차행렬에서 i 행의 합과 i 열의 합이다. 그리고 N은 측정된 전체 픽셀의 개수이다.

영상의 정확도는 86.4%로 나타났다. 일반적으로 원격탐사 영상의 정확도를 평가하기 위해서는 몇몇 지점을 표본추출하여 표본의 정확도를 계산하고, 이로부터 전체 영상의 정확도를 추정하게 된다. 본 연구의 경우 전체 영상을 대상으로 참조지도와 비교한 결과이므로, 전수조사를 통한 정확도 평가를 수행하였다고 할 수 있다. 전체 정확도에서 우연히 영상의 분류결과가 바르게 평가될 경우의 수를 제외한 평가도인 Kappa 지수는 76.2%로 나타났다.

제작자 정확도의 경우 경지와 염생습지의 분류정확도가 낮게 나타났다. 특히 염생습지의 정확도는 다른 분류계급에 비하여 낮게 나타났다. 사용자 정확도의 경우에도 염생습지의 정확도가 낮게 나타났다. 이는 염생습지의 면적이 다른 토지유형에 비하여 적기 때문에 오분류 화소의 영향이 다른 계급에 비하여 크게 작용하기 때문인 것으로 해석된다. 특히 경지로의 오분류 화소가 큰 영향을 차지하고 있다. 갯벌의 경우 제작자 정확도는 매우 높으나 사용자 정확도는 약간 저하되어 있다. 이는 갯벌이 염생습지로 오분류된 화소가 비교적 많기 때문으로 해석된다. 그러나 대부분의 계급들이 80%를 상회하는 높은 정확도를 보이고 있고, 정확도가 낮은 염생습지의 경우도 60%의 정확도를 보이고 있다. 전체 영상을 대상으로 정확도 평가를 수행한 결과, 높은 정확도를 보이고 있다고 할 수 있다.

5. 규칙기반 분류기법을 이용한 해안습지 분류

1) 서 론

지구상에서 습지는 전체 면적의 6%를 차지하고 있으며, 지구상의 모든 대륙과 지역에서 다양하게 분포되고 있다. 인류의 발달과정에서 습지는 인간이 자연과 조화를 이루어 생활하는 주요한 장소의 하나로 인식되어 왔다. 습지는 인류에게 연료, 목재, 어패류 등 다양한 자원의 보고로서 중요한 역할을 하여 왔다. 그러나 인류문명의 발달과 함께 습지는 쇠퇴하게 되었다. 인간에게 습지는 경제적 가치가 적은 불길하고 금지된 곳으로 인식되어, 주요 개척대상으로 다루어졌기 때문이다. 습지의 개척과 파괴에 따라 인류는 심각한 환경문제에 직면하게 되었다. 습지가 인류에게 제공하던 생태적, 경제적 혜택이 사라져 감에 따라 습지는 보존 필요성이 높은 중요한 자연자원으로 인식되기에 이르렀다. 이에 습지는 다양한 연구분야에서 주요한 연구대상으로 부각되었다.

습지에 대한 정의는 관련기관에 따라 다양하다. 1956년 미국 수산야생부(USFWS)에서 공포한 Circular 39에 따르면 습지는 얇으면서 일시적으로 물로 덮여 있는 저지대를 뜻한다. 이 정의에 따르면 식생이 있는 얇은 호수나 못은 습지에 포함되지만 항상 물로 잠겨 있는 깊은 호수나 저수지 등은 포함되지 않는다. 캐나다의 습지정의에 의하면 습윤 토양이 우세하고 대부분의 해빙기 동안 광물질 토양 근처에 지하수면이 있으면서 수생식물을 지탱해 주는 지역이라 정의한다. 미국의 수산야생부에서는 습지를 육지와 수생 생태계의 점이지대로서 지표 가까이에 지하수면이 있고 얇은 물로 덮여있는 지역이라 정의한다. 습지에 대한 정의는 지역과 응용분야에 따라 다양하지만 다음과 같이 정의할 수 있다. 습지란 육지와 바다의 점이적인 지역으로, 습지식생, 토양, 그리고 물의 세 요소

중 하나가 반드시 있는 지역을 뜻한다.

이 장에서는 원격탐사 영상, 특히 LANDSAT TM 영상을 이용하여 해안습지를 파악하는 기법을 모색하고 이를 순천만 해안습지 지역에 적용하여 습지를 파악하고 지도화하도록 한다.

2) 해안습지 지도화를 위한 위성영상 처리기법

(1) 식생지수(NDVI)

습지는 토양, 수문, 식생이라는 세 가지 특성에 의하여 파악될 수 있다. 원격탐사는 이 세 가지 요소를 모두 효과적으로 수집할 수 있다. 특히 식생의 경우 원격탐사를 이용하면 그 분광특성이 확연히 드러나기 때문에 정확하고도 효과적인 측정이 가능하다. 식생의 특성을 측정하는 방법 중에서 가장 많이 이용되는 지수가 식생지수이다.

건강한 녹색식생은 근적외선 에너지에서 40-50%를 반사한다. 또한 식물의 엽록소는 가시광선의 80-90%를 흡수한다. 죽은 식생은 가시광선 분광에서 건강한 녹색식생보다 많은 양을 반사한다. 반대로, 적외선 부분에서는 녹색식생보다 적은 양을 반사한다. 건조한 토양의 경우, 가시광선 대에서는 녹색식생보다 반사도가 높으며 죽은식생보다 반사도가 낮다. 반면 근적외선 대에서는 식생보다 반사도가 낮다. 대부분의 식생지수는 이 세 가지 곡선의 형태의 차이에 기초를 하고 있다.

이러한 차이를 이용하여 적색밴드와 적외선 밴드 간의 차이를 표준화하여 식생의 밀도를 지수로 표현한 것이 NDVI(normalized difference vegation index)이다.

현재 운영되는 Landsat TM과 , SPOT HRV, 그리고 AVHRR 영상에서 NDVI를 구하는 식은 각각 다음과 같다.

$$NDVI_{TM} = \frac{TM4 - TM3}{TM4 + TM3}$$

$$NDVI_{HRV} = \frac{XS3 - XS2}{XS3 + XS2}$$

$$NDVI_{AVHRR} = \frac{IR - red}{IR + red}$$

TM 밴드를 이용하여 생성된 NDVI 영상에서는 픽셀의 값이 밝을수록 광합성 식물이 많이 분포하고 있다. NDVI와 관련된 식생지수는 식생의 양을 측정하는 데 널리 이용되고 있다.

(2) Tesseled Cap 변환

NDVI와 함께 식생의 특성을 추출하는 또 다른 기법은 Kauth와 Thomas에 의해 개발된 Tesseled Cap 변환이다. 이 기법은 Gram-Schmidt 의 연속 직교화 기법에 기초하고 있다. 즉 주성분 분석과 같이 기존의 밴드로 구성된 분광차원에 새로운 축을 형성하고 이 축에 의하여 영상을 설명하는 기법이다.

이 기법은 위성영상을 새로운 4차원 공간으로 직교변환한다. 이 변환이 Tesseled Cap 변환이라 불리게 된 것은 분포가 모자모양을 가지고 있기 때문이다. 일반적으로 각 밴드에 일정 상수를 곱하고 다항식을 통하여 새로운 축에서의 값을 생성한다. 생성된 세 가지 축은 각각 brightness, greenness, wetness로 표현된다. brightness는 모든 밴드의 가중 합계로, 토양 반사도의 기본적인 변화를 표현한다. greenness는 적외선과 가시광선 밴드 간의 대조로 표현되며, 녹색식생의 밀도를 표현한다. wetness는 영상의 물기 정도를 표현한다. Landsat TM 영상을 Tesseled Cap 변환하기 위해서 는 영상의 각 밴드에 표현된 화소마다 〈표 Ⅱ-4〉와 같은 가중치를 곱한다.

Tesseled Cap 영상은 반사도로 표현된 위성영상을 밝기, 식생, 습도라는 새로운 축으로 표현함으로써, 영상에서 식생의 정도와 수문의 정도를 추출할 수 있는 효과적인 변환기법이다. 특히 해안습지의 기본요소인 식생과 수문 정도를 측정할 수 있기 때문에 습지의 파악과 지도화에 효과적으로 이용될 수 있다.

〈표 Ⅱ-4〉 Tesseled Cap Transformation의 변환 계수

요 소＼TM밴드	1	2	3	4	5	7
밝 기	0.3037	0.2793	0.4343	0.5585	0.5082	0.1863
녹색도	-0.2848	-0.2435	-0.5436	0.7243	0.0840	-0.1800
수 분	0.1509	0.1793	0.3299	0.3406	-0.7112	-0.4572

(3) 지식기반 통합 분류기법

영상에서 표현되고 이용되는 자료들은 반사도와 같은 수치 자료이다. 이들 수치들을 통계적으로 처리하여 정보를 식별하여 왔다. 그러나 GIS 기반의 공간자료들은 수치가 아닌 경우가 많다. 즉 지질도, 토양도, 계획도와 전기, 물, 도로 등과 같은 공간자료들은 숫자보다는 이름이나 종류와 같은 명목척도를 가지고 있다. 따라서 GIS 자료와 통합하여 영상을 분석할 경우, 기존의 통계적인 처리기법과는 다른 영상처리 기법이 요구되고 있다. 특히 영상처리과정에서 GIS 자료의 이용이 증가하면서 이러한 새로운 기법에 대한 필요성이 점차 증대되고 있다. 전문가 시스템, 혹은 지식기반 통합 기법은 이러한 필요에 의하여 개발되고 있는 새로운 분석기법이다.

전문 지식이 지식기반 분석시스템에 의해 사용되기 위해 획득되어지고 기록되는 방법에는 몇 가지가 있다. 가장 단순하고 일반적인 규칙은 다음과 같은 형식이다.

if 조건 then 결론

여기서 조건은 논리연산인 or와 and를 통해 단순논리 표현이나 복합 논리 구문이 될 수 있다. 복합논리 구문은 다음과 같이 정의된다.

조건1과 조건2 **모두** 참일 때 합성조건(조건1 and 조건2)이 참이다.
조건1 **또는** 조건2가 참일 때 합성조건(조건1 or 조건2)이 참이다.
조건이 참일 때 not(조건)이면 거짓이다.

여기서 조건에 해당되는 내용은 영상의 화소값의 범위가 될 수도 있고, GIS 자료의 속성이 될 수도 있다. 이와 같은 여러 가지의 조건을 설정하고, 이들을 논리적으로 연결함으로써 지식기반 통합 분류기법이 완성될 수 있다. 조건의 연결은 마치 알고리듬의 흐름도와 같이 다른 조건들과 유기적으로 연결된다. 이러한 분석시스템에서 조건의 설정이나 논리연산의 연결은 지식기반으로 이루어진다. 즉 이들 논리는 특수분야의 전문가로부터 얻어지는 수백 개의 규칙으로부터 추론될 수 있다. 추론 엔진이나 기법은 지식기반시스템이 매우 특수하면 아주 간단할 수 있고 또는 일반적인 전문가 시스템이 요구되면 더 복잡하고 강력해질 수 있다.

기존의 분류기법과 지식기반 분류기법과의 차이는 〈그림 Ⅱ-7〉과 같다. 그림에서와 같이 기존의 분류기법은 정해진 컴퓨터 알고리듬에 의해 영상을 분류하는 데 반하여, 지식기반 분류기법은 전문지식에 기반한 추론엔진에 의하여 영상을 분류한다. 이때 전문가의 경험과 지식을 바탕으로 전문지식이 구축되며, 이를 바탕으로 논리적인 추론엔진이 형성된다.

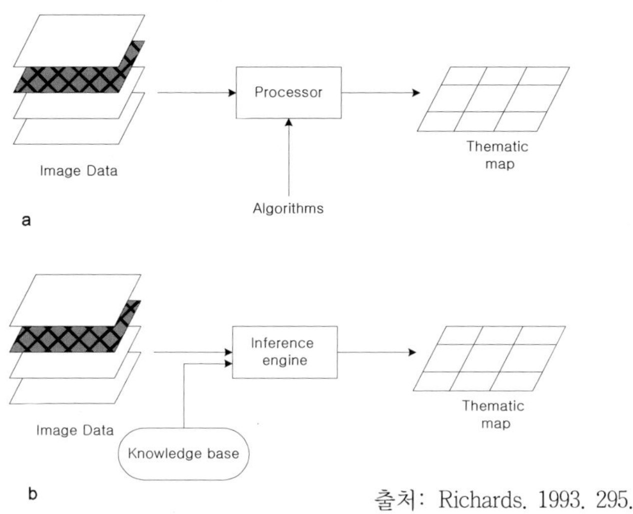

출처: Richards. 1993. 295.

〈그림 Ⅱ-7〉 기존의 분류기법과 지식기반 분류기법

지식기반 분류기법은 GIS 자료와 영상자료를 통합하여 분석할 수 있는 효과적인 수단이다. 특히 다양한 종류의 영상정보와 GIS 정보를 조건식으로 연결함으로써 복잡한 통계분석과정을 거치지 않고도 결과를 추론할 수 있다는 장점이 있다. 그러나 지식기반 분석시스템을 완성하기 위해서는 다양한 종류의 정보와 지역에 대한 지식이 선행되어야 하며, 이들이 시스템에 논리적으로 구현되고 조직되어야 한다.

3) 해안습지 지도화 기법의 적용

(1) Tesseled Cap 변환 영상의 적용

순천만의 영상을 Tesseled Cap 변환하여 Brightness, Greenness,

Wetness의 세 가지 밴드의 자료로 변환하였다. 변환된 영상을 이용하여 6개 토지유형별로 감독분류하였다. 분류된 영상은 〈그림 Ⅱ-8〉과 같다.

　그림에서와 같이 Tesseled Cap 변환된 영상에서도 몇몇 오분류된 결과가 나타나고 있다. 특히 갯벌과 수역(바다) 사이에 경지가 나타나고 있으며, 수역 내에서 몇몇 지역이 경지로 잘못 분류되었다.

　분류결과를 정량적으로 평가하기 위하여 작성한 정확도 평가결과는 〈표 Ⅱ-5〉와 같다. 전체 정확도인 Kappa 지수는 76.29%로 원래의 영상을 분류한 결과보다 0.09% 정도만이 향상되었다. 이러한 결과를 분석한다면 Tesselsed Cap 변환기법은 해안습지의 분류정확도 향상에 크게 영향을 미치지 못한다고 할 수 있다.

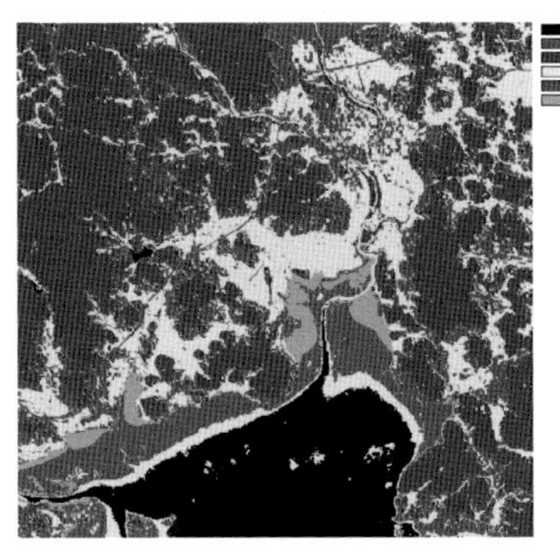

〈그림 Ⅱ-8〉 Tesseled Cap 변환 영상의 분류결과

〈표 Ⅱ-5〉 Tesseled Cap 변환된 영상의 정확도 평가결과

	수 역	갯 벌	식 생	경 지	도시역	습 지	제작자 정확도
수 　역	31,924	0	1	6	20	0	99.92
갯 　벌	389	14,943	5	108	47	145	95.56
식 　생	548	3	98,585	1,605	554	40	97.29
경 　지	6,326	873	11,551	37,176	3,815	544	61.67
도시역	533	685	9,957	5,204	29,537	479	63.66
습 　지	114	1543	44	259	449	4,132	63.17
사용자 정확도	80.14	82.80	82.06	83.81	85.81	77.38	

(2) NDVI를 이용한 지식기반 분류기법의 적용

　식생지수인 NDVI는 적외선 밴드와 적색밴드 간의 차이를 이용하여 식생의 밀도를 표현하는 기법이다. NDVI의 값이 1에 가까우면 짙은 식생이며 -1에 가까우면 식생이 전혀 없는 수역으로 해석할 수 있다. 본 연구에서

는 NDVI의 이러한 특징을 이용하여 대상지역을 식생지역, 수역, 기타 지역으로 구분한 후, 각 지역별로 구체적인 토지유형 분류를 적용하는 방법을 선택하였다. 먼저 훈련지역의 NDVI를 측정하고 그 특성을 비교하였다. 〈그림 II-9〉는 훈련지역별 NDVI의 최소값, 최대값, 그리고 평균과 표준편차 범위를 표현한 것이다. 그림과 같이 NDVI는 수역과 식생은 뚜렷이 구분되지만, 나머지 4개 분류계급에서는 심한 중복이 나타나고 있다. 따라서 NDVI를 기초로 수역, 식생지역, 그리고 기타 지역으로 대상지역을 구분한 후, 기타 지역만을 마스킹하여 나머지 4개의 토지유형을 감독분류하였다.

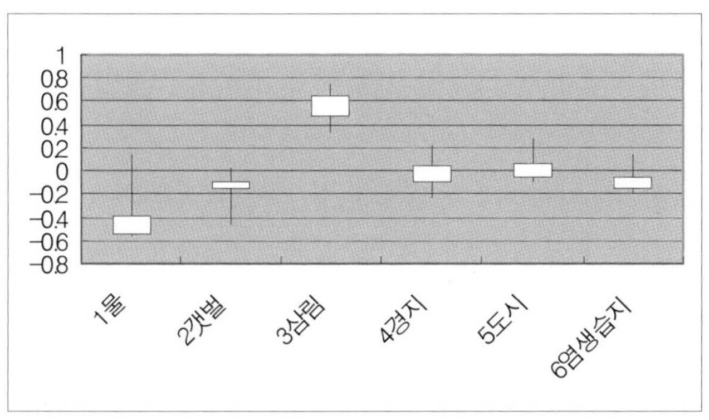

〈그림 II-9〉 훈련지역별 NDVI의 통계적 특성

　순천만 지역을 대상으로 NDVI를 이용하여 수역과 식생을 먼저 추출한 후 나머지 지역을 대상으로 감독분류한 결과는 〈그림 II-10〉과 같다. 그림에서와 같이 갯벌과 수역 사이에 나타나던 경지가 많이 감소한 것을 알 수 있다. 또한 수역 내에서 표현되던 경지도 보이지 않고 있다. NDVI를 이용한 결과 수역과 식생계급에서 오분류되던 화소들의 정확도가 향상되었음을 알 수 있다. 이러한 결과를 정량적으로 평가한 결과는 〈표 II-6〉과 같다. NDVI를 이용한 지식기반 분류법의 정확도는 80.15%로 기존의 분류기법에 비하여 정확도 향상이 상당히 이루어졌음을 알 수 있다.

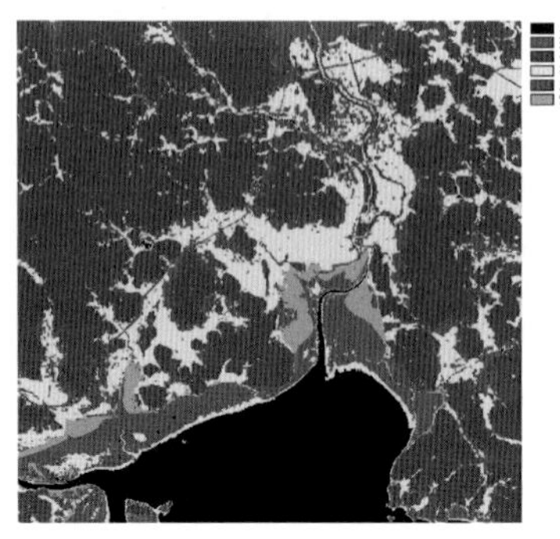

〈그림 Ⅱ-10〉 NDVI를 이용한
분류결과

〈표 Ⅱ-6〉 NDVI를 이용한 분류결과의
정확도 평가결과

	수 역	갯 벌	식 생	경 지	도시역	습 지	제작자 정확도
수 역	35,277	48	2	20	32	1	99.71
갯 벌	370	14,392	1	15	31	91	96.59
식 생	463	9	110,797	2,732	7,058	87	91.46
경 지	3,096	1,702	3,977	36,419	2,876	554	74.90
도시역	536	474	5,315	4,870	23,946	454	67.27
습 지	92	1,422	51	302	479	4,153	63.90
사용자 정확도	88.56	79.75	92.22	82.10	69.57	77.77	

(3) 고도자료와 NDVI를 이용한 지식기반 분류기법의 적용

수치고도자료는 지표면의 높이를 일정간격으로 표현하고 있다. 이때 해안의 경우 대조의 만조를 기준으로 해안선을 작성하고 육지의 고도를 표현하고 있다. 따라서 수치고도자료를 이용하면 대상지역을 육역과 수역으로 구분할 수 있다. 갯벌이나 염생습지와 같은 해안습지의 경우 해안선의 외부, 즉 바다로 표현되기 때문에 고도값을 가지고 있지 않다. 이러한 고도모델을 이용하면 대상지역을 육지와 습지로 구분할 수 있게 된다. 본 연구에서는 고도자료를 이용하여 대상지역을 육지와 습지로 구분한 후, NDVI를 이용하여 육지는 다시 식생과 기타 지역으로, 습지는 수역과 기타 지역으로 구분하였다. 육지의 기타 지역은 감독분류를 통하여 도시와 경지로, 습지의 기타 지역은 감독분류를 통하여 갯벌과 염생습지로 각각 분류하였다.

순천만 지역을 대상으로 지식기반 분류기법을 적용한 결과는 〈그림 Ⅱ-11〉과 같다. 그림에서와 같이 갯벌과 수역 사이에 나타나던 경지가 완전히 제거되었으며, 지금까지의 영상분류결과 나타나던 경지와 갯벌, 염생습지 간의 오분류 현상도 나타나지 않는다. 영상의 분류결과를 정확도 평가한 결과는 〈표 Ⅱ-7〉과 같다. 고도자료와 NDVI를 이용한 지식기반 분류기법의 정확도는 80.44%로, 앞서의 분석기법보다 약 0.3%의 정확도 향상효과가 나타났다.

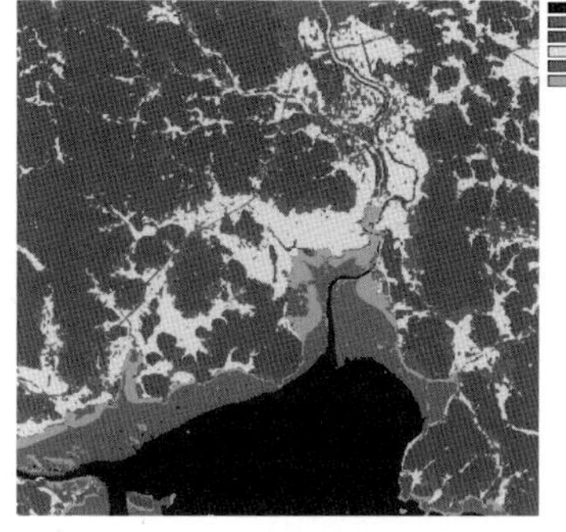

〈그림 Ⅱ-11〉 DEM와 NDVI를 이용한 분류결과

〈표 Ⅱ-7〉 DEM와 NDVI를 이용한 분류의 정확도 평가결과

	수 역	갯 벌	식 생	경 지	도시역	습 지	제작자 정확도
수　역	35,007	48	1	0	4	0	99.85
갯　벌	2,301	15,771	2	117	26	153	85.85
식　생	419	0	110,557	2,727	7,035	72	91.51
경　지	1,328	50	3,931	36,367	2,916	509	80.63
도시역	426	190	5,274	4,943	23,954	842	67.23
습　지	353	1,988	378	204	487	3,764	52.47
사용자 정확도	87.88	87.39	92.02	81.99	69.59	70.49	

4) 해안습지 지도화 결과의 비교와 평가

　해안습지의 지도화를 위하여 적용한 4가지 위성영상의 처리기법의 결과는 〈그림 Ⅱ-12〉와 같다. 그림은 각 위성영상 처리기법을 적용한 결과 나타난 분류정확도를 비교한 것이다. 그림에서와 같이 원래의 영상이나 변환된 영상을 직접 분류한 결과보다는 지식기반 분류기법을 적용한 결과가 분류정확도가 높음을 알 수 있다. NDVI를 이용한 지식기반 분류기법과 DEM과 NDVI를 이용한 지식기반 분류기법 모두 80%를 상회하는 높은 분류정확도를 보이고 있다.

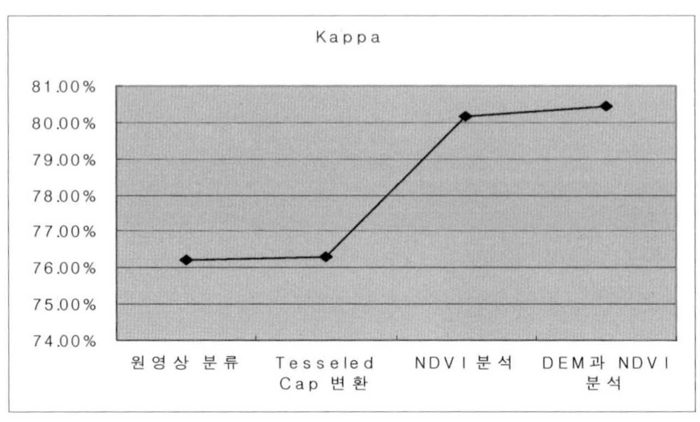

〈그림 Ⅱ-12〉 위성영상의 분류정확도 비교

분류계급별 제작자 정확도와 사용자 정확도는 〈그림 Ⅱ-13, Ⅱ-14〉와 같다. 제작도 정확도에서 경지와 도시역의 분류정확도가 지식기반 분류 기법을 적용한 결과 크게 향상되었다. 그러나 염생습지와 갯벌의 경우 DEM과 NDVI를 이용한 분류기법이 분류정확도가 저하되었다. 이는 수 상 지역에서 염생습지와 갯벌 간의 오분류가 있음을 보이고 있다. 사용자 정확도의 경우 지식기반 분류기법을 적용한 결과 식생과 수역의 분류정 확도가 크게 향상된 반면 도시역과 염생습지는 분류정확도가 저하되었다.

이상의 결과를 종합하면, 해안습지를 지도화하기 위해서 개발된 지식 기반 분류기법을 적용한 결과 전반적인 정확도가 크게 향상되었으며, 분 류결과도 만족할 수준이라 할 수 있다. 다만 몇몇 분류계급에서 나타나 는 정확도 저하현상은 향후 지속적으로 연구되어야 할 것이다.

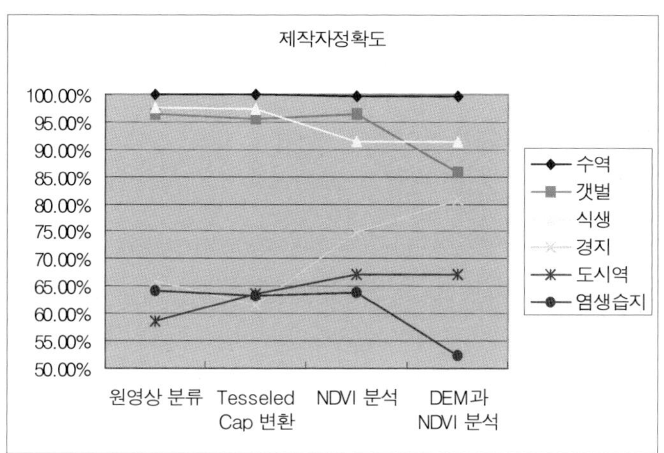

〈그림 Ⅱ-13〉 제작자 정확도 비교

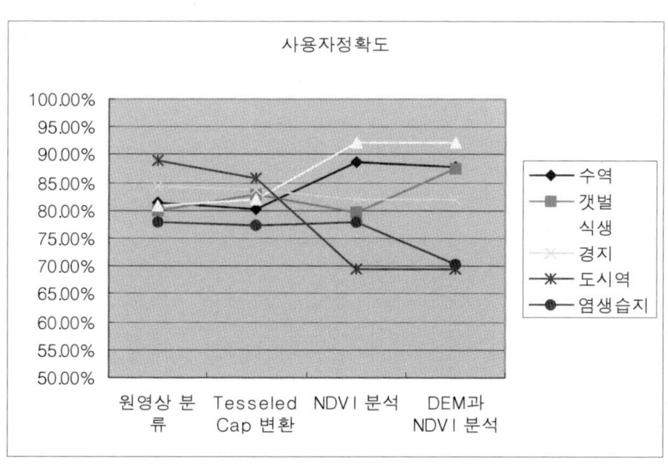

〈그림 Ⅱ-14〉 사용자 정확도 비교

5) 결 론

　해안습지는 우리나라의 자연환경 중에서 가장 생태적으로 가치가 높으면서 지형학적으로 가장 역동적인 지역이다. 해안습지의 가치와 기능이 강조되면서 우리나라에서도 점차 해안습지의 현황을 조사하고 보존대책을 강구하고 있다. 이러한 측면에서 우리나라의 해안습지 현황을 조사하고 지도화하는 연구는 큰 의의를 가지고 있다고 할 수 있다. 과학적이고 경제적으로 해안습지를 조사하고 지도화하는 방법이 위성영상을 활용한 원격탐사 기법이다. 위성영상을 이용하여 효과적이고도 신속하게 역동적인 습지의 모습을 지도화할 수 있기 때문이다.

　이러한 배경하에 위성영상을 분광적 패턴으로 처리하던 기존의 분류방법과 함께 지식기반 분류기법을 적용하여 NDVI와 DEM 자료를 이용하여 해안습지의 분류를 시도하였다. 위성영상을 이용하여 해안습지를 지도화할 경우에 기존의 감독분류기법보다는 지식기반 분류기법을 적용한 결과가 더욱 효과적으로 습지지도를 제작할 수 있었으며, 분류정확도 또한 크게 향상되었음을 발견하였다. 다만 몇 가지 분류계급에서 나타나는 오분류 현상을 지속적인 연구가 수행되어야 할 것이다.

　앞으로 우리나라의 습지현황을 조사하고 데이터베이스로 구축하는 과정에서 위성영상의 활용도는 더욱 증가할 것으로 예상된다. 또한 다양한 해상도의 다양한 센서에서 촬영한 위성영상이 활용되고 있다. 이러한 환경에서 효과적으로 해안습지의 현황을 파악하고 지도화할 수 있는 기법의 개발과 연구에 더욱 많은 노력이 계속되어야 할 것이다.

6. 영상융합을 통한 해안습지 분석

1) 서 론

다양한 종류의 위성영상이 등장하고 고해상도의 위성영상이 상용화됨
에 따라 다양한 해상도의 위성영상을 다룰 수 있게 되었다. 과거에는 몇
몇의 위성영상에만 의존하여 지표면의 사상을 분석하였으나, 앞으로는
다양한 위성영상 중에서 연구자가 필요로 하는 분석을 위해 필요한 영상
을 선택하게 될 것이다.

다양한 해상도의 자료가 있으면 연구자는 자신의 분석목적에 맞는 해상
도로 자료를 선택, 또는 조작하고 분석하는 과정을 필요로 한다. 대표적인
해상도에는 공간적 상세함을 표현하는 공간해상도와 분광차원에서 물체
의 특성을 표현하는 분광해상도가 있다. 대상지역을 상세히 관찰하고 필
요한 정보를 취득하기 위해서는 이러한 해상도가 모두 만족스러워야 한
다. 그러나 현재 운영되고 있는 대부분의 위성영상은 이 두 가지 해상도를
모두 만족하지 못한다. 공간해상도가 뛰어난 영상은 분광해상도가 좋지
못하며, 분광해상도가 뛰어난 영상은 공간해상도가 좋지 못하다. 예를 들
면 SPOT Panchromatic 영상이나 IRS-1C, 아리랑 영상과 같은 고해상도
위성영상은 단일밴드의 전정색 영상만을 제공하고 있으며, 분광해상도가
좋은 LANDSAT TM 영상의 경우 공간해상도가 30m로 자세하지 못하다.
이러한 문제를 해결하기 위하여 두 가지 영상을 융합(fusion)하여 공간해
상도와 분광해상도를 모두 만족시키는 기법이 개발되어 왔다. 초창기의
자료융합은 영상의 시각적 효과만을 높이기 위하여 인간의 눈에서 구별할
수 있는 적색, 녹색, 청색의 세 밴드만을 대상으로 자료융합 기술을 개발
하여 왔다. 이러한 자료융합 기술은 시각적인 분석력 즉 영상의 판독 측면
만을 강조하여 왔다. 그러나 영상융합의 근본적인 취지는 영상의 해상력

을 극복하여 정보추출 능력을 향상시키는 것이다. 즉, 영상으로부터의 정보를 추출한다는 관점에서 영상융합 기술을 검토할 필요가 있다.

이에 지금까지 개발된 자료융합 기술을 검토하여, 영상으로부터의 정보추출이라는 목표에 부합하는 영상융합 기술을 모색하고자 한다. 기존의 연구들에서 제시한 대표적인 영상융합 기법을 순천만 해안습지 영상에 적용하여, 각각의 분석능력을 비교하고, 우리나라 영상에 적합한 영상융합 기법을 제시하고자 한다.

연구에 사용된 영상융합 기법은 주성분 분석에 의한 영상융합(PCA 기법), High Pass 공간필터링에 의한 영상융합(HPF 기법), Wavelet 분해에 의한 영상융합(Wavelet 기법) 등이다. 일반적으로 영상융합 기법에 이용되는 HSI 변환 방법은 세 가지 밴드만을 융합에 이용하기 때문에 본 연구에서는 제외하였다. 이들 기법을 이용하여 전남 순천만 지역을 1991년 3월 5일 촬영한 LANDSAT TM 영상과 1991년 5월 3일 촬영한 SPOT Panchromatic 영상을 융합하여 새로운 영상을 제작하였다. 웨이브렛 분해에 의한 영상융합 기법은 분해의 단계에 따라 1단계의 영상과 2단계의 영상으로 각각 제작하였다. 이들 융합된 영상에서 시각적인 해석정도를 비교하여 시각적인 판독력을 기준으로 영상융합 기법을 비교하였다. 또한 융합된 영상들을 토지피복 분류하고 정확도 평가과정을 통하여 영상으로부터 추출할 수 있는 정보의 질을 기준으로 융합기법들을 비교 평가하였다. 이상의 과정을 종합하여 우리나라의 영상에 적합한 영상융합 기법을 제시하고자 한다.

2) 영상융합에 대한 연구동향

일반적으로 고해상도의 영상은 단일밴드의 전정색 영상(panchromatic image)이 대부분이며, 여러 가지 밴드를 가진 분광해상도가 좋은 영상은 공간해상도가 낮다. 따라서 고해상도의 전정색 영상과 저해상도의 다중밴드 영상을 융합하여 고해상도의 다중밴드 영상을 창출하는 연구가 주로 수행되어 왔다. 주로 공간해상도가 10m인 SPOT의 전정색 영상과 공간해상도가 30m 인 LANDSAT TM의 다중밴드 영상을 융합하는 연구가 주로 수행되어왔다.

Haydn 등(1982)은 LANDSAT MSS와 RBV(return bean vidicon)을 융합하여 새로운 영상을 제작하였다. 이들은 분광밴드별로 구성되어 있는 MSS 영상을 휘도, 채도, 명도(HSI; Hue-Saturation-Intensity)의 형태로 변환한 후 명도 대신에 RBV 영상을 교체한 후 다시 분광밴드로 변환하는 방식을 이용하였다. Welch와 Ehlers(1987)은 LANDSAT TM과 SPOT PAN 데이터에 HSI 변환방식을 적용하여 융합된 영상을 제작하였으며, Carper 등 (1990)은 SPOT 다중분광 데이터와 전정색 데이터에 HSI방식을 적용한 연구를 실시하였다. 이들의 연구는 RGB 방식과 HSI 방식 간의 변환을 기본으로 광학적 원리를 이용하여 손쉽게 영상을 융합하는 기법들로 평가된다. 그러나 이 변환방식은 3가지의 분광밴드로만 변환이 가능하기 때문에 영상의 분석목적보다는 영상의 시각화에 비중을 둔 융합방법이라 할 수 있다.

Chavez와 Kwarteng(1989)는 주성분 분석법(PCA)을 이용하여 두 개의 영상을 융합하는 방법을 연구하였다. 낮은 공간해상도를 가진 다중분광 밴드의 영상을 주성분 분석하여 몇 개의 요인점수로 구성된 밴드로 변환한 후, 제 1 주성분 점수를 고해상도의 영상과 교환한다. 제 1 주성분 점수로 교체된 고해상도 위성영상과 나머지 주성분 점수 밴드들은 다시 역으로 주성분 분석되어 융합된 영상으로 재구성된다. Shettigara(1990)은 주성분 변환방식을 이용하여 SPOT 전정색 영상과 LANDSAT TM 영상을 융합하였다. 이 방식은 3가지 이상의 밴드를 가진 영상도 융합할 수 있으며 다분히 통계적 기반을 갖추고 있다.

Chavez와 Bowell(1988)은 공간필터링을 이용한 융합방법을 제시하였다. 이 방법은 고해상도의 영상에 High Pass Filter를 적용하여 영상의 구조(context)에 대한 정보를 추출한 후 이 정보를 저해상도의 다중분광 데이터에 적용하여 융합된 영상을 제작하는 방식이다. 이들은 SPOT 전정색 영상과 LANDSAT TM 영상에 필터링 방식을 적용하여 융합된 영상을 제작하였다. 이 방식은 고해상도 영상의 공간구조를 반영한다는 점에서 픽셀의 값을 기반으로 한 HSI 변환이나 PCA 변환에 비하여 진보된 방식이라 할 수 있다.

Chavez와 Sides, Anderson(1991)은 세 가지 융합방법을 비교하였다. SPOT 전정색 영상과 LANDSAT TM 영상에 세 가지 융합방법을 적용한 영상을 제작하고, 각 영상들이 원래의 영상에 비하여 변화한 정도를 분석하였다. 이들은 분석결과 공간필터링 방식이 가장 우수한 융합결과를 보인다고 제시하였다.

Yocky(1996)은 새로운 융합방법을 제시하였다. 전자공학의 신호처리나 영상압축 분야에 주로 사용되던 웨이브렛 변환을 이용하여 두 가지 영상을 융합하였다. 웨이브렛 변환 중 다해상도 분석법(Multiresolution Analysis)은 영상압축 분야에 주로 응용되는 변환방식으로 원래의 영상을 낮은 해상도의 자료로 표현할 수 있는 요소들로 분해하는 방식이다. 일반적으로 이용되는 Harr Wavelet의 경우 원 이미지는 4가지 요소들로 분해되는데, 하나는 원 이미지의 평균값을 저장하여 자료를 압축하는 요소이며, 나머지 3요소는 원 이미지와 평균값 간의 수직, 수평, 대각선 방향의 차이를 저장하여 각 방향마다의 공간구조를 표현하는 요소이다. 평균값이 저장된 요소는 다시 4가지 요소로 분해되어 피라밋 구조와 같은 형태를 가지게 된다. 고해상도 영상과 저해상도의 다중분광 영상은 각각 웨이브렛 변환을 통하여 피라밋 구조로 구성된다. 분해된 영상의 최상위 피라밋 단계의 자료들을 서로 교환하고, 분해된 요소를 다시 결합하여 복원함으로써 자료의 융합이 이루어진다. 이 방식은 복잡한 과정을 거쳐 두 종류의 영상을 융합하지만, 공간필터링 방식보다 공간구조를 더욱 고려하여 처리하기 때문에 상당히 진보된 융합방식이라 할 수 있다.

다른 센서로 취득된 영상의 융합에 대한 연구는 주로 융합기법에 대한 연구가 대부분이다. 새로운 융합기법을 개발하고 기존의 융합기법과의 차이, 그리고 융합기법 간의 차이 등이 연구의 주종을 이루고 있다. 영상 융합의 목적은 고해상도의 다중분광 영상을 제작하여 영상분석의 정확도를 향상시키는 데 있다. 그러나 지금까지의 연구들은 융합된 영상과 융합전의 영상과의 통계적인 차이만을 제시하고 있고, 융합된 영상을 이용하여 지리정보를 추출한 사례는 나타나지 않는다. 융합된 영상이 단순히 시각적으로만 우수하다면 향후 지리정보의 추출의 측면에서는 불필요한 과제일 뿐이다. 따라서 융합된 영상을 이용하여 정보를 추출하고 그 정확성을 평가하는 과정이 필요하다.

3) 위성영상의 융합과정

서로 다른 해상도를 가진 영상을 융합하여 새로운 해상도를 가지는 영상을 제작하는 기법은 여러 분야에서 다양하게 개발되어 왔다. 일반적으로 가장 많이 이용되는 기법이 영상을 HSI로 변환한 후, Intensity 영상 대신에 고해상도 영상을 대입하여 역변환하는 방법이다. 그러나 이 기법은 세 가지 밴드만을 사용하여 융합하기 때문에 시각적인 효과만을 거둘 수 있다. 따라서 본 장에서는 HSI 변환기법을 제외하고, 국내외에서 영상융합기법으로 이용되고 있는 기법들을 대상으로 영상융합을 실험하고 그 결과를 비교검토하기로 한다.

(1) 사용자료

연구 대상지역인 순천만 해안습지를 촬영한 두 가지의 영상을 영상융합에 사용하였다. 1991년 3월 5일 촬영된 LANDSAT TM 영상은 3개의 가시광선 밴드와 4개의 적외선 밴드를 가지고 있는 분광해상도가 우수한 영상이다〈그림 Ⅱ-15〉. 그러나 이 영상은 공간해상도가 30m로 제한되어 있어, 공간적으로 자세한 내용을 영상에서 추출할 수 없다. 1991년 5월 3일 촬영된 SPOT Panchromatic 영상은 공간해상도는 10m로 좋은 반면에, 분광해상도는 가시광선대의 단일밴드로 이루어져 있어 좋지 못하다 〈그림 Ⅱ-16〉. 이 두 가지 영상은 공간해상도와 분광해상도의 문제로 단일 영상만으로는 대상지역의 정확한 정보를 추출하는 데 한계가 있다. 따라서 두 영상을 융합하여 공간해상도는 10m를 가지면서 7개의 밴드를 가지는, 즉 공간해상도와 분광해상도가 모두 우수한 영상을 제작한다면, 영상으로부터 보다 정확한 정보를 추출할 수 있을 것이다.

〈그림 Ⅱ-15〉 TM영상

〈그림 Ⅱ-16〉 SPOT영상

(2) 전처리

서로 다른 해상도를 가진 영상을 융합하기 위해서는 우선 영상의 내용들이 위치적으로 서로 일치하여야 한다. 영상을 융합할 경우 위치가 일치하지 않는다면, 서로 다른 내용이 섞이게 되는 결과와 마찬가지이기 때문이다. 일반적으로 영상을 처리하기에 앞서 전처리 과정으로 기하보정과 방사보정을 행한다. 본 연구의 경우 두 영상의 공간적 위치가 일치하여야 하기 때문에 특히 기하보정이 엄정히 진행되어야 한다. 연구대상 지역을 촬영한 LANDSAT TM 영상과 SPOT 영상을 각각 기하보정하여 일치되는 지역을 절출하였다. 기하보정 과정에서 LANDSAT 영상의 경우 영상융합을 위하여 재배열 과정에서 10m 해상도의 영상을 제작하였다. 10m로 재배열된 LANDSAT 영상과 기하보정된 SPOT 영상을 대상으로 여러 가지 영상융합 기법을 적용하고, 융합된 영상을 대상으로 지리정보의 분석정도를 측정하였다.

(3) PCA 융합기법

PCA 융합기법은 주성분 분석(Principal Component Analysis; PCA) 기법을 이용하여 영상을 융합하는 방법이다. 영상을 주성분 분석한 결과로 변환하면, 영상을 표현하는 분광차원들이 몇몇의 새로운 축으로 설정되고, 설정된 축으로부터의 주성분 점수가 새로운 반사도로 적용된다. 이때 1차 주성분, 즉 가장 기본적인 축이 영상의 밝기를 나타내는 성분이다. 이러한 성분을 고해상도 영상으로 대치함으로써 융합된 영상을 생성할 수 있다.

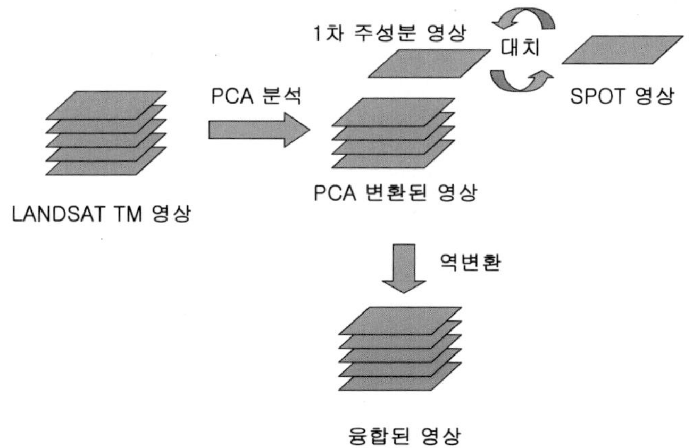

〈그림 Ⅱ-17〉 PCA 기법을 이용한 영상융합 방법

PCA 기법을 이용하여 영상을 융합하는 방법은 〈그림 Ⅱ-17〉과 같다. LANDSAT TM 영상을 주성분 분석하여 새로운 축으로 형성된 영상을 생성한다. 생성된 영상의 1번 밴드, 즉 1차 주성분의 값을 SPOT Panchromatic 영상과 교환한다. 1번 밴드의 자리에 SPOT 영상을 대치한다. 즉 주성분 영상은 1번 밴드는 SPOT 영상으로, 나머지 2번에서 7번 밴드는 주성분으로 구성된다. 새로이 구성된 영상을 다시 역 PCA 변환을 하면 융합된 영상을 제작할 수 있다. 이 기법은 HSI 기법과 함께 영상융합을 위해 일찍부터 개발된 기법으로 ERDAS Imagine과 같은 상용 영상처리 소프트웨어에서도 이러한 기능을 제공하고 있다. PCA 융합 기법으로 제작된 영상은 〈그림 Ⅱ-20〉과 같다.

(4) High Pass Filtering 융합기법

High Pass Filtering 융합기법은 고해상도 영상의 공간구조 특성을 저해상도 영상에 반영하여, 분광해상도가 좋지만 공간해상도는 낮은 영상에 고해상도의 공간특성을 융합하는 기법이다. 고해상도의 공간구조 특성을 파악하기 위하여 공간빈도를 조절하는 공간필터를 적용한다. 이때 영상 내의 화소들 간에 공간빈도를 높이기 위해, 즉 영상 내의 화소가 이웃화소들과의 반사도의 차이를 높이는 High Pass Filter를 적용한다. High Pass Filter를 거쳐 강조된 영상을 저해상도의 영상에 중첩하여 고해상도의 특성을 반영한 새로운 융합영상을 제작한다.

High Pass Filtering(HPF) 기법을 이용하여 영상을 융합하는 방법은 〈그림 Ⅱ-18〉과 같다. SPOT Panchromatic 영상에 High Pass Filter를 적용하여 고해상도 영상의 공간구조를 나타낸 영상을 제작한다. Filtering된 영상의 값을 LANDSAT TM 영상의 각 밴드별 값과 중첩한다. 이때 덧셈연산을 중첩기법으로 이용한다. 이 기법은 간단한 조작만으로 영상을 융합할 수 있는 효과적인 기법이다. 대부분의 영상처리나 래스터 GIS

패키지에서 공간필터링 기능과 지도중첩이나 지도연산 기능을 가지고 있기 때문에 쉽게 영상을 융합할 수 있다. HPF 융합기법으로 제작된 영상은 〈그림 Ⅱ-21〉과 같다.

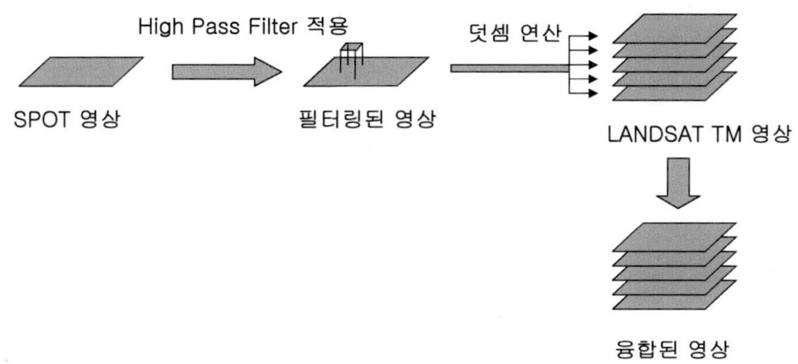

〈그림 Ⅱ-18〉 HPF 기법을 이용한 영상융합 방법

(5) Wavelet 다해상도 분해 융합기법

웨이브렛 분해 융합기법은 최근에 등장한 웨이브렛 다해상도 영상분해 기법을 영상융합에 적용한 기법이다. 웨이브렛 변환은 해상도에 따라 영상을 분해하는 기법이다. 원래의 영상은 웨이브렛 변환과정을 거쳐 4가지의 요소로 분해된다. 첫 번째 요소는 구조영상으로 원래의 영상이 평균으로 집적되어 저해상도의 영상으로 표현된다. 두 번째 요소는 원래의 영상이 저해상도의 영상으로 변환되면서 발생하는 수평적 오차로 표현된다. 세 번째 요소는 수직적 오차이며, 네 번째 요소는 대각선 방향의 오차이다. 첫 번째 요소는 다시 저해상도로 변환되면서 4가지 요소로 분해된다. 웨이브렛 변환과정에서 생성되는 구조영상은 피라밋 구조에서 평균에 의해 생성된 영상과 유사하다. 그러나 분해과정에서 파생되는 세 가지 요소들은 축척의 변화에 따른 영상의 오차를 각각 수평, 수직, 대각선 방향으로 표현하고 있어, 축척의 변화에 따른 국지적 변화특성을 파악할 수 있다는 장점이 있다.

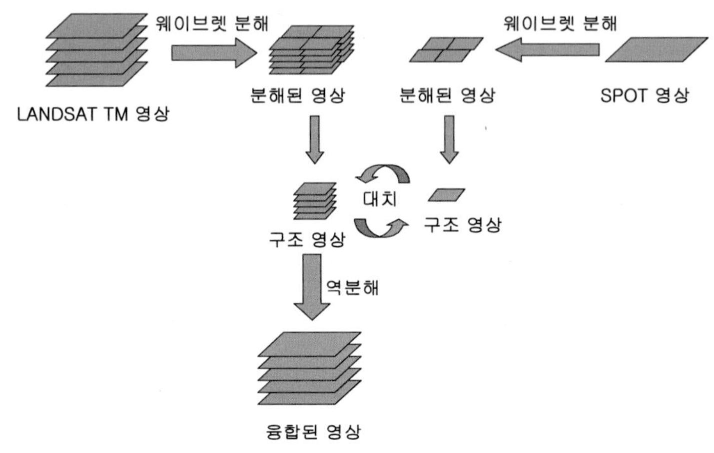

〈그림 Ⅱ-19〉 웨이브렛 분해를 이용한 영상융합 방법

웨이브렛 분해기법을 이용하여 영상을 융합하는 방법은 〈그림 Ⅱ-19〉와 같다. SPOT Panchromatic 영상과 LANDSAT TM의 각 밴드별 영상에 이러한 웨이브렛 분해기법을 적용하여 다해상도 영상을 제작한다. SPOT 영상을 분해하여 낮은 해상도의 구조영상을 LANDSAT 영상을 분해한 구조영상 부분에 대체한다. 대체된 영상을 역변환하면, 융합된 영상이 제작된다. 본 연구에서는 해상도 수준 1단계에서 구조영상을 대체한 융합영상과 해상도 수준 2단계에서 구조영상을 대체한 융합영상의 두 가지 영상을 제작하였다. 웨이브렛 분해 1단계에서 융합한 영상은 〈그림 Ⅱ-22〉와 같으며, 웨이브렛 분해 2단계에서 융합한 영상은 〈그림 Ⅱ-23〉과 같다.

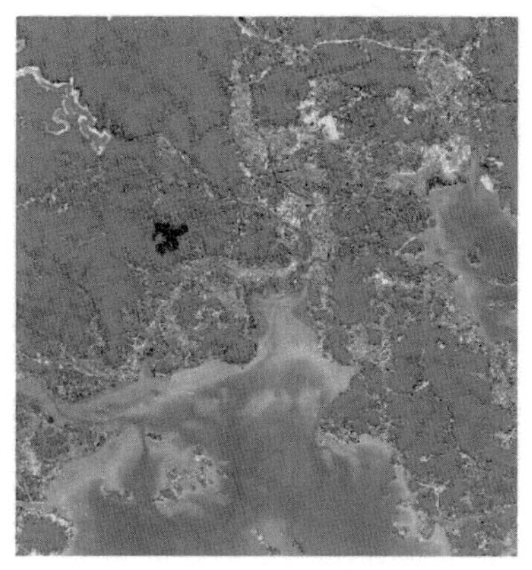

<그림 Ⅱ-20> PCA 융합영상

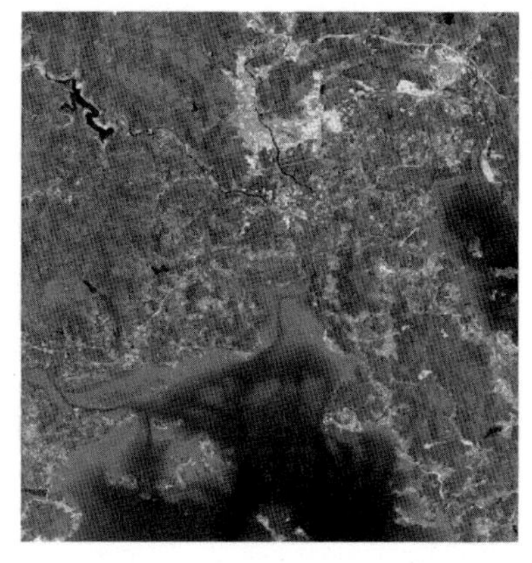

<그림 Ⅱ-21> HPF 융합영상

<그림 Ⅱ-22> Wavelet 1단계
융합영상

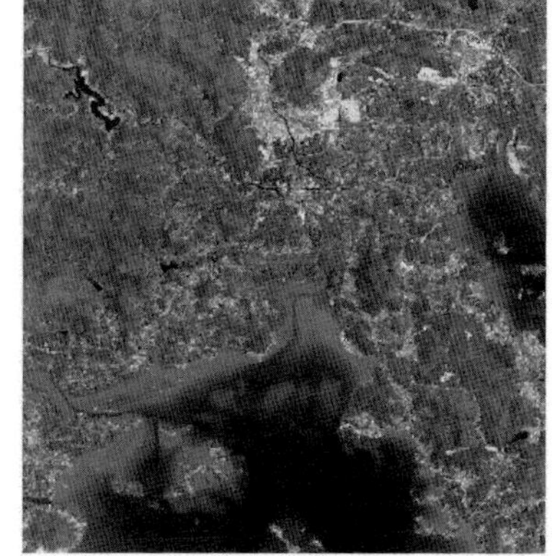

<그림 Ⅱ-23> Wavelet 2단계
융합영상

4) 융합영상의 비교평가

(1) 영상의 통계적 특성

융합된 영상으로부터 각 밴드별 평균과 표준편차를 계산하여 융합전의

TM 영상과의 차이를 비교하였다. 융합된 자료의 밴드별 영상 화소값의 평균은 〈표 Ⅱ-8〉과 같다. 평균의 경우 HPF 융합기법이나 웨이브렛 융합 기법은 큰 변화를 보이지 않고 있으나 PCA 기법의 경우 4번 밴드 이후로 큰 차이를 보이고 있다. 이것은 주성분 변환과 역변환 과정에서 밴드들의 반사도가 혼합되어 나타나는 결과로 보여진다. 이러한 경향은 표준편차의 경우에도 동일하게 나타난다. 영상별 표준편차를 비교한 〈표 Ⅱ-9〉에 의하면 PCA 융합영상의 표준편차 값이 다른 융합영상보다 큰 차이를 보이고 있다. 따라서 PCA 기법으로 융합된 영상은 원래 영상과는 통계적으로 큰 차이를 보이고 있어 효과적인 영상융합 기법과는 차이가 있다.

〈표 Ⅱ-8〉 융합된 자료의 밴드별 영상평균

밴 드	TM 원영상	PCA 융합영상	HPF 융합영상	Wavelet 1단계 융합영상	Wavelet 2단계 융합영상
1	79.8	72.3	80.0	79.5	79.4
2	36.3	40.8	36.3	35.6	35.6
3	37.7	60.2	37.5	37.2	36.9
4	66.4	217.9	66.4	66.1	65.9
5	62.7	233.8	62.7	62.4	62.2
6	162.5	199.4	162.6	161.8	161.1
7	23.9	93.3	24.0	23.6	23.4

〈표 Ⅱ-9〉 융합된 자료의 밴드별 영상 표준편차

밴 드	TM 원영상	PCA 융합영상	HPF 융합영상	Wavelet 1단계 융합영상	Wavelet 2단계 융합영상
1	12.4	13.1	12.1	12.8	13.7
2	7.9	6.9	8.3	8.5	9.7
3	14.9	11.4	15.2	15.2	15.8
4	36.7	40.1	36.8	36.8	36.9
5	39.1	33.0	39.2	39.1	38.9
6	11.2	8.3	11.6	11.7	12.6
7	18.4	12.8	18.7	18.7	18.9

(2) 영상의 시각적 분석력

　융합된 영상들을 실질적으로 비교하기 위하여 몇몇의 샘플지역을 선정하여 영상에서의 특성과 실제 지역에서의 특성을 비교하였다. 적외선을 포함한 false color로 각각의 영상을 화면에 출력한 후, 순천시 시가지역, 순천만 남단 염생습지 군락, 순천만으로 유입되는 동천 하구의 세 가지 지역을 각각 확대하여 비교하였다. 선정된 세 지역은 각각 공간해상도와 분광해상도에 민감한 시가지역과 염생습지 지역을 포함하고 있다.

　도시적 경관을 표현하고 있는 지역의 영상은 공간해상도에 민감하다고 할 수 있다. 도시 경관을 구성하고 있는 다양한 크기의 건물들이 영상에서 표현되고 있기 때문이다. 도시적 경관이 나타나고 있는 순천시 시가지역을 확대한 결과는 〈그림 Ⅱ-24〉와 같다. 영상의 시각적인 선명도는 PCA 융합영상이 가장 좋은 것으로 나타났다(그림 a). 웨이브렛 융합영상의 경우 도시의 건물들이 몇몇 화소의 블록으로 합쳐서 표현되어 불분명한 영상으로 나타나고 있다(그림 c). HPF 융합영상은 웨이브렛 융합영상에 비하여 블록화 현상이 적게 나타나고 있다(그림 b). PCA 융합영상은 색채 배열은 자연스런 색상을 보이지는 않지만, 화소들이 블록으로 합쳐지는 현상은 보이지 않아 선명한 영상을 나타내고 있다.

　해안습지 중에서 염생습지의 군락을 표현하고 있는 지역의 영상은 분광해상도에 민감하다고 할 수 있다. 염생습지는 식생이나 수문, 토양의 영향으로 영상에 표현되기 때문에 다양한 적외선 밴드를 포함한 다중분광 밴드에서 선명하게 표현되기 때문이다. 염생습지 군락이 나타나고 있는 순천만 남단을 확대한 결과는 〈그림 Ⅱ-25〉와 같다. 영상의 시각적인 선명도는 HPF 융합영상이 좋게 나타났다(그림 b). PCA 융합영상의 경우 적외선 밴드의 색채배열이 부자연스럽지만 염생습지는 선명하게 표현되고 있다(그림 a).

　염생습지와 경작지가 혼재한 지역인 순천만 입구의 동천하구를 확대한 결과는 〈그림 Ⅱ-26〉과 같다. 시각적인 선명도는 PCA 융합기법과 HPF 융합기법이 좋은 것으로 나타났다(그림 a, b). 웨이브렛 융합영상의 경우 경작지의 블록화 현상으로 선명하지 못한 영상으로 표현되고 있다(그림 c).

이상의 시각적인 분석력을 비교한 결과, 공간해상도가 강조되는 지역의 경우 PCA 융합영상이, 분광해상도가 강조되는 지역의 경우 HPF 융합영상이 적합한 것으로 판명되었다. 이러한 특성을 종합하면, HPF 융합기법이 시각적으로 공간해상도와 분광해상도의 두 가지 조건을 어느 정도 충족시킬 수 있는 효과적인 영상융합 기법이라 할 수 있다.

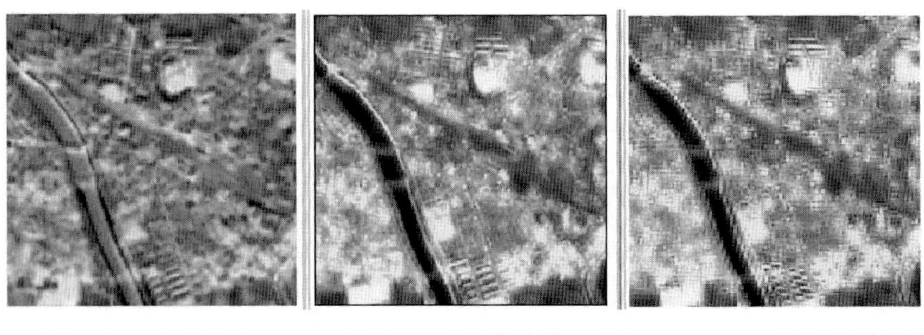

(a) PCA 융합영상   (b) HPF 융합영상   (c) Wavelet 1단계 융합영상

〈그림 Ⅱ-24〉 융합된 영상에서 도시역을 확대한 예

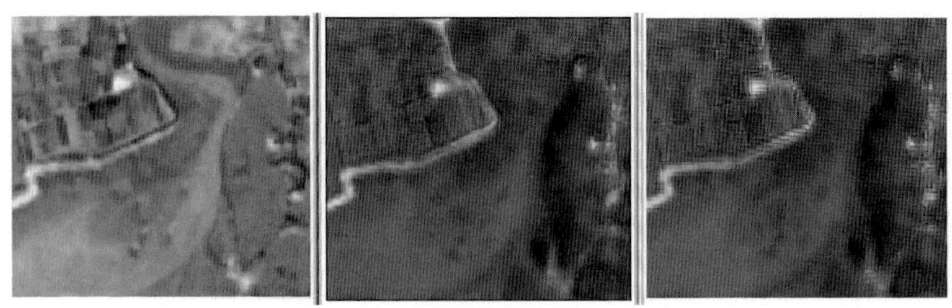

(a) PCA 융합영상   (b) HPF 융합영상   (c) Wavelet 1단계 융합영상

〈그림 Ⅱ-25〉 융합된 영상에서 염생습지 구역을 확대한 예

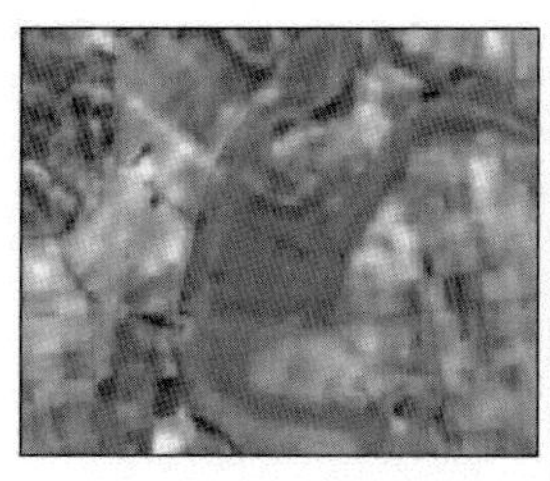 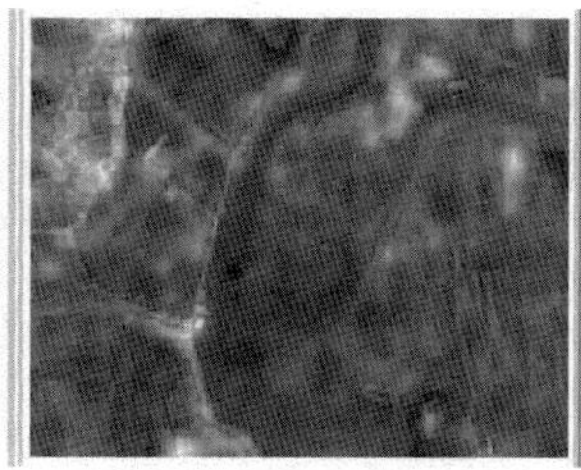 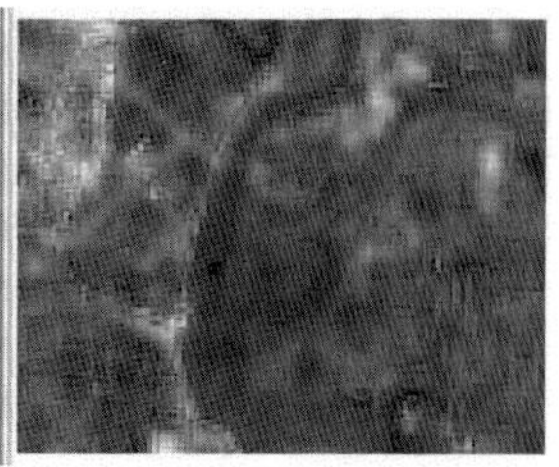

(a) PCA 융합영상   (b) HPF 융합영상   (c) Wavelet 1단계 융합영상

〈그림 Ⅱ-26〉 융합된 영상에서 하구역을 확대한 예

5) 융합영상의 토지피복 분류와 평가

훈련지역으로부터 계산된 통계량을 이용하여 영상의 분류계급들이 중복되는가 분리되는가의 정도를 표현할 수 있다. 즉 주어진 통계량을 이용하여 분광분리도(spectral separability)를 계산함으로써 영상에서 분류될 정보의 질을 미리 예측할 수 있다. 융합된 영상에서 추출한 훈련지역의 통계량을 이용하여 분광분리도 측정기법인 J-M 거리와 Mahalanobis 거리를 측정한 결과는 〈표 Ⅱ-10〉과 같다. 분광분리도는 원래의 TM 영상보다 융합된 영상들이 개선되지 못한 것으로 나타났다. 이는 원래의 영상이 가지고 있던 분광 특성이 영상융합이 되면서 오히려 저하된 것으로 평가된다. 특히 PCA 융합영상의 경우 분광분리도가 현저히 떨어지고 있어, 영상의 분류결과에도 나쁜 영향을 미칠 것으로 판단된다. 그러나 HPF 영상융합 기법이나 Wavelet 영상융합 기법의 경우, 원래의 TM 영상과 분광분리도에 큰 차이가 없어, 향후 영상의 분류결과에 큰 영향을 미치지 않을 것으로 예측된다.

<표 Ⅱ-10> 융합된 영상의 훈련지역 분광분리도

분광분리도	TM 원영상	PCA 융합영상	HPF 융합영상	Wavelet 1단계 융합영상	Wavelet 2단계 융합영상
J-M 거리	13.08	9.77	12.44	12.35	11.53
Mahalanobis 거리	79.19	53.11	73.65	72.97	65.45

(2) 영상의 분류와 정확도 평가

선정한 훈련지역의 통계량을 이용하여 융합된 영상들을 각각 최대우도법을 적용하여 토지피복분류를 실시하였다. 영상융합의 결과 정확도가 얼마나 향상되었는가를 비교하기 위하여 원영상도 같은 훈련지역을 이용하여 분류하였다. PCA 기법에 의해 융합된 영상의 분류결과는 <그림 Ⅱ-27>과 같으며, HPF 기법에 의해 융합된 영상의 분류결과는 <그림 Ⅱ-28>, 그리고 웨이브렛 분해로 융합된 영상의 분류결과는 <그림 Ⅱ-29>(1단계 분해), <그림 Ⅱ-30>(2단계 분해)과 같다.

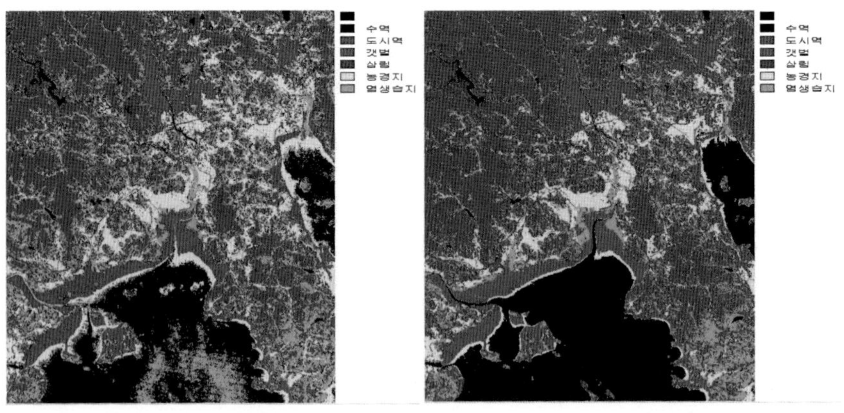

<그림 Ⅱ-27> PCA 융합영상의 분류결과   <그림 Ⅱ-28> HPF 융합영상의 분류결과

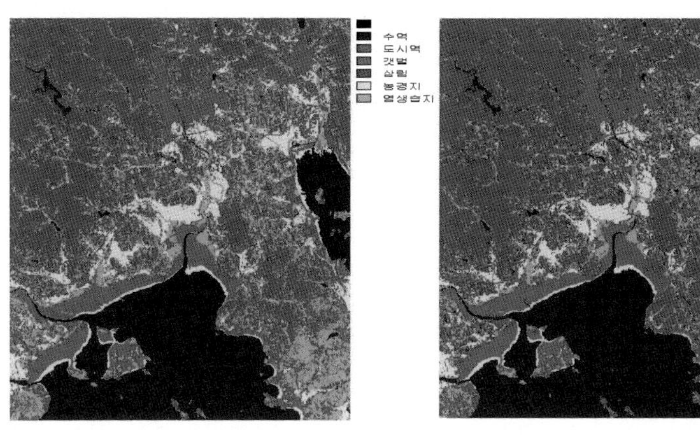

<그림 Ⅱ-29> Wavelet 1단계 융합
영상의 분류결과

<그림 Ⅱ-30> Wavelet 2단계 융합
영상의 분류결과

　　분류된 영상을 비교해보면 PCA 기법으로 융합된 영상이 다른 영상에 비하여 특히 오분류된 화소가 많은 것으로 나타났다. 영상의 분류정확도를 계량적으로 측정하기 위하여 실제의 토지피복 상태와 영상에서 분류된 토지피복 분류결과를 비교하였다. 실제 지표의 분류결과와 영상에서의 분류결과를 이용하여 오차행렬을 작성하고, 오차행렬로부터 Overall accuracy와 Kappa index를 각각 측정하였다. 각 영상의 분류정확도를 측정한 결과는 <표 Ⅱ-11>과 같다.

<표 Ⅱ-11> 융합된 영상의 정확도 평가결과

분광분리도	TM 원영상	PCA 융합영상	HPF 융합영상	Wavelet 1단계 융합영상	Wavelet 2단계 융합영상
Overall Accuracy	82.38	68.59	84.41	84.02	82.85
Kappa Index	76.20	58.98	77.10	76.63	74.62

　　영상융합을 통하여 생성된 영상자료 중에서 원래의 TM 영상보다 분류정확도가 향상된 영상은 HPF 융합영상과 Wavelet 1단계 분해 후 융

합된 영상으로 나타났다. PCA 융합영상의 경우 매우 낮은 분류정확도를 나타내고 있어 영상의 통계특성이나 분광분리도 측정결과와 마찬가지로 융합된 결과 오히려 영상의 질이 저하되었음을 나타내고 있다. 그러나 분류정확도가 향상된 두 융합영상 역시 분류정확도의 차이가 크게 나지 않아 영상융합으로 분류정확도가 크게 향상되었다고는 판단하기는 어렵다. 이는 영상의 분류기법으로 채택한 최대우도법이 영상의 공간적인 구조특성을 고려하는 것이 아니라, 분광차원에서 통계적으로 독립적인 자료를 이용하기 때문인 것으로 파악된다. 그러나 HPF 영상융합 기법과 Wavelet 영상융합 기법은 원래 영상의 분광특성을 유지하면서 고해상도의 영상자료를 제공할 수 있는 효과적인 융합기법으로 평가된다.

6) 분석결과와 결론

순천만 지역의 영상을 대상으로 여러 가지 융합기법을 적용하여 융합영상을 제작하고 비교 평가한 결과 영상융합 기법에 따라 다양한 특성을 나타내고 있다. PCA 분석기법의 경우 분광밴드가 혼합되어 영상의 색상이 자연스럽지 못하고, 영상분류의 결과도 만족스럽지 못하지만, 시각적으로는 선명한 영상을 제작할 수 있는 기법으로 평가되었다. HPF 분석기법의 경우 시각적으로 선명하면서도 색상이 자연스럽고, 영상분류의 결과도 우수한 기법으로 평가된다. 웨이브렛 분해기법을 적용한 영상융합 기법의 경우 전반적으로 2단계까지 분해하여 융합한 영상보다는 1단계로 분해하여 융합한 영상이 시각적인 선명도나 영상분류 정확도 측면에서 좋은 결과가 나타났다.

이상의 결과를 종합하면 다음과 같다. 첫째 융합된 영상의 시각적 분석의 측면에서는 PCA 영상융합 기법과 HPF 영상융합 기법의 결과가 가장 좋은 것으로 나타났다. 둘째, 융합된 영상에서 훈련지역을 선정하고 토지피복분류를 행한 결과 HPF 융합기법과 웨이브렛 융합기법이 분류 정확도 결과가 좋은 것으로 나타났다. 이상의 결과를 종합하면, 순천만 지역의 영상에 융합기법을 적용한 결과, HPF 융합기법이 가장 좋은 평가결과를 보였다.

본 장에서는 해안습지 지역을 대상으로 SPOT과 LANDSAT TM의 두 가지 영상만으로 영상융합기법을 비교하였다. 향후에는 다양한 지역을 대상으로 다양한 센서의 영상을 이용한다면 영상융합기법에 대한 연구가 더욱 체계화될 수 있을 것으로 사료된다. 아울러 분석과정에서 나타난 여러 가지 융합기법들의 문제점들을 보완한다면, 영상활용의 관점에서 효과적인 영상융합기법을 개발할 수 있을 것을 것이다.

7. 위성영상을 이용한 습지변화분석

1) 서 론

위성영상이 활용하기 시작한 초기단계부터 영상을 이용하여 습지의 특성을 파악하고 변화를 탐지하는 연구가 활발히 진행되어 왔다. 특히 해안습지와 같이 넓고 변화가 다양한 지역의 경우 위성영상의 이용은 필수적이라 할 수 있다. 시간에 따라 변화하는 동적인 정보의 경우 위성영상을 이용하면 변화하는 패턴이나 유형을 공간적으로 파악할 수 있다는 장점이 있다. 위성영상은 일정 주기로 동일한 지역을 촬영할 수 있으며, 최신 영상을 제공할 수 있기 때문이다. 특히 해안습지와 같은 환경변화에 따른 지형경관 변화가 심하게 나타나는 지역의 경우 위성영상을 이용하면 보다 효과적이고 경제적인 변화 모니터링이 가능하다. 이러한 이유 때문에 위성영상을 이용하여 해안습지의 변화를 파악하고 분석하는 기법이 오래전부터 연구되어 왔다. 특히 미국의 NOAA(National Oceanic and Atmospheric Administration)에서는 미국전역을 대상으로 해안습지의 파악과 관리를 위한 대규모의 프로젝트를 진행하고 있다 (http://www.csc.noaa.gov/crs). C-CAPS(Coastal Change Analysis Program)라 명명된 이 프로젝트에서는 광범위한 지역의 습지정보를 수집하기 위하여 위성영상, 특히 LANDSAT TM 자료를 활용하여 습지의 현황을 파악하고 변화특성을 분석하고 있다. 이를 위하여 미국 전역의 해안습지와 원격탐사, GIS 등 각 분야에서 약 400여 명의 전문가가 참여하여 해안습지의 파악과 변화 모형을 분석하고 있다. 이 프로젝트에서는 해안습지의 분류기준을 제시하고, 표준적인 해안습지의 파악과 변화분석 기법을 제시하고 있다.

우리나라의 경우 세계적으로 보존가치가 높은 해안습지를 다수 보유하고 있음에도 불구하고 그 현황파악과 변화분석에는 아직 많은 연구가 미치지 못하고 있다. 외국의 경우와 같이 상세한 해안습지 목록도 갖추지 못하고 있다. 이러한 관점에서 이 장에서는 우리나라 해안습지의 변화파악을 위하여 위성영상을 활용한 분석기법을 살펴보고 우리나라의 지리적 특성에 적합한 분석기법을 모색하고자 한다. 구체적으로는 미국의 NOAA에서 제시한 습지변화 파악기법을 우리나라 영종도 지역에 적용하고, 그 특성을 파악하여, 우리나라의 상황에 적합한 분석기법을 모색하고자 한다.

2) 위성영상을 이용한 습지변화 분석기법

미국에서는 최근 위성영상을 이용하여 해안습지를 파악하고 관리하는 C-CAP 프로젝트가 실시 중에 있다. C-CAP는 해안변화 분석 프로그램 (Coastal Change Analysis Program)의 약자로 미국의 정부와 학계가 공동으로 추진하는 해안지역의 습지와 서식지를 효과적으로 관리하기 위한 프로젝트이다. 이 프로젝트는 인간의 환경파괴로 말미암은 계속되는 습지의 파괴를 막기 위하여 미국의 NOAA(National Oceanic and Atmospheric Administration)에서 추진하는 국가단위의 습지 관리 프로젝트이다. 이 프로젝트에서는 원격탐사, 특히 위성영상을 분석하여 습지의 현황을 파악하고 그 변화를 감시하는 연구가 활발히 진행되고 있다. 이 프로젝트에서는 해안습지의 분류기준을 제시하고, 표준적인 해안습지의 파악과 변화분석기법을 제시하고 있다. C-CAP의 해안습지분석 지침서에서 제시하고 있는 해안습지의 변화분석을 위한 기법은 다음과 같다.

(1) 영상 시각화(Change Detection using Function Memory Insertion)

여러 가지 스펙트럼으로 구성된 위성영상을 컬러 영상으로 표현하기 위해서는 인간이 식별할 수 있는 녹색, 적색, 청색의 세 가지 밴드로 조합한다. 영상을 컬러로 표현할 때 이러한 분광밴드 대신에 과거의 영상과 현재의 영상을 조합하면, 습지의 변화를 시각적으로 표현할 수 있다. 이 기법은 두 시기의 영상을 동시에 표현하면서 시각적으로 습지의 변화를 쉽게 표현할 수 있다는 장점을 가지고 있다. 반면 습지의 변화량이나 변화정도, 변화추세와 같은 정량적 자료는 제공할 수 없다.

(2) 영상 합성(Multidate Composite Image Change Detection)

일반적으로 영상을 처리하고 분석할 때 단일 영상만을 대상으로 분석한다. 영상 합성 기법은 각각 다른 날짜에 촬영된 여러 개의 영상들을 하나로 묶어서 많은 수의 밴드를 가진 하나의 영상으로 처리, 분석하는 기법이다. 하나의 영상으로 합쳐진 영상은 분류과정에서 습지의 변화계급과 변화량을 파악할 수 있다. 그러나 영상을 분류할 때 습지가 변화한 지역에 대한 정의가 어렵다. 또한 변화한 지역에 대한 상세한 정보는 알 수 없다.

(3) 지도대수법(Image Algebra Change Detection)

래스터 지도중첩 기법을 응용한 방법으로, 두 개의 영상을 지도대수 연산을 통하여 차이를 분석하는 기법이다. 지도대수 연산에는 뺄셈연산과 나눗셈 연산이 이용된다. 지도대수를 적용하였을 때 뺄셈의 경우 0, 나눗셈의 경우 1의 값을 가진 지역은 변화가 없는 지역이라 할 수 있으나 실제적으로 영상의 반사도가 일치하는 지역은 매우 드물다. 일반적으

로 위의 기준치에 어느 정도 완충값을 주어 변화가 없는 지역을 추출한
다. 이 완충값은 연구결과에 크게 영향을 미치는 중요한 요인이므로 연
구지역에 대한 충분한 조사가 선행된 후 완충값을 설정하여야 한다. 이
방법은 습지의 변화지역을 찾는 간단하고 효과적인 기법으로 평가받고
있으며 많은 연구에서 실제로 이용되고 있다. 그러나 습지의 변화성격에
대한 정보는 제공하고 있지 않다.

(4) 분류된 영상의 비교(Post-classification Comparison Change Detection)

지금까지의 습지변화 분석기법은 지표면의 반사도로 구성된 영상을
그대로 이용하고 있다. 이에 반하여 분류영상의 비교기법은 각각의 날
짜에 촬영된 영상을 따로 분류하여 습지정보를 추출한 후 분류된 영상을
비교하는 것이다. 분류계급마다 변화된 계급을 행렬의 형태로 작성하여
두 영상을 비교하는데 이 행렬을 변화 행렬(change detection matrix)라
한다. 변화행렬을 분석하면 습지의 변화추이를 추적할 수 있으며, 변화된
지역도 쉽게 파악할 수 있다. 이 방법은 분류된 영상으로부터 습지의 변
화를 파악하기 때문에 영상의 분류정확도가 전체의 연구결과에 큰 영향
을 미치고 있다. 따라서 영상의 분류과정에서 정확성 평가가 수반되어야
한다. 이 방법은 분석방법이 간단하고 습지의 변화경향에 대한 정보를
제공하기 때문에 널리 쓰이는 기법이다. 그러나 영상분류 과정에서 정확
성이 낮을 경우 연구결과가 무의미해지기 때문에 C-CAP에서는 그다지
이용되고 있지 않다.

(5) 마스크를 이용한 비교(Multi-date Change Detection using a Binary Mask applied to Tb-1 or Tb+1)

지도대수법과 분류된 영상의 비교법을 합친 기법으로 C-CAP에서 가장 추천하는 변화분석기법이다. 지도대수법을 이용하여 습지가 변화한 지역만을 추출한다. 추출된 지역만 남기고 나머지 지역을 가린(마스킹) 후, 변화한 지역만을 대상으로 영상분류를 하고 결과를 비교하는 기법이다. 이 방법은 습지와 변화지역과 변화경향을 모두 분석할 수 있는 효과적인 기법으로 평가된다. 또한 영상을 분류할 때, 전체 영상을 대상으로 하지 않고 일부지역만을 대상으로 하기 때문에 분류정확도를 높일 수 있다. 영상의 일부만을 처리하므로 처리시간이나 효율성 면에서도 우수하다. 그러나 처리과정이 복잡하고, 영상에서 습지가 변화한 지역, 즉 마스크 지역의 설정에 연구결과가 좌우된다는 단점을 가지고 있다.

(6) 2차 자료를 이용한 비교(Multi-date Change Detection using Ancillary Data Sources as Tb)

습지의 변화를 분석할 때 위성영상만을 이용하지 않고 지형도나 습지지도와 같은 2차 자료를 이용하는 방법이다. 지형도나 습지지도와 같은 신뢰성 있는 자료를 위성영상과 함께 분석함으로써 습지변화분석의 정확도를 높일 수 있다. 그러나 2차 자료의 분류체계가 위성영상의 분류체계와 일치하여야 분석이 가능하기 때문에 2차 자료를 이용할 경우 세심한 주의가 필요하다. 종이지도의 형태로 된 2차 자료를 수치화할 경우 발생하는 오차 역시 연구결과에 큰 영향을 미칠 수 있다.

(7) 수동 입력(Manual On-screen Digitization of Change)

영상을 화면에 중첩하여 표현한 후, 연구자가 화면상에서 수동으로 변화지역을 추출하는 기법이다. 고해상도의 전정색 위성영상이나 항공사진을 수치화하여 화면상으로 표현하고 기본적인 사진판독 기법을 이용하여 변화지역을 추출하는 경우에 주로 이용된다. 이 기법은 분석이 용이하고 간단하기 때문에 습지변화 분석방법으로 많이 이용되고 있다. 그러나 많은 지역을 대상으로 할 때 시간과 노동력이 많이 소요된다는 단점이 있다.

3) 해안습지 변화분석을 위한 마스크 기법

지금까지 위성영상을 이용하여 특정 지역의 지형경관변화 패턴을 분석하는 데 가장 많이 사용된 방법은 시기별로 영상을 각각 분류하여 그 결과를 비교하는 것이다. 기존의 방법에서는 분류된 화소들이 시간의 변화에 따라 어떠한 토지유형으로 변화하였는가를 교차 테이블(cross table) 형태로 분석하였다. 그러나 이러한 분석기법을 해안습지에 적용하는 것은 다음과 같은 문제점을 가지고 있다.

첫째, 전체 지역을 대상으로 하기 때문에 상대적으로 해안습지 부분의 분석이 과소평가될 수 있다. 둘째, 전체 영역을 대상으로 영상을 처리하므로 영상처리과정이 복잡하고 시간이 오래 소요된다. 셋째 영상분류과정에서 해안습지와 관련이 없는 지역에 대해서도 처리하여야 하기 때문에 영상분류의 정확도가 저하될 수 있다. 이러한 문제로 인하여 영상의 분류결과를 비교하는 기법은 해안습지의 변화분석과정에서는 많이 이용되지 않고 있다.

따라서 이러한 한계를 극복하고자 최근에 해안습지의 변화를 추적하는 연구에서 가장 추천하는 방식이 해안습지의 변화지역을 마스크로 가려내고 이렇게 마스크화된 영역만을 대상으로 토지유형의 변화를 추적하는 것이다. 이는 해안습지를 적절히 표현하고 있는 밴드를 선정하고, 시기별로 이들 화소의 차가 큰 화소들을 마스크로 이용하는 것이다.

따라서 위성영상을 이용하여 해안습지의 변화지역을 파악하고자 제시된 마스크 기법을 고찰하고, 이러한 기법이 가지고 있는 문제점을 보완한 분석기법을 제시하고자 한다. 이 장에서는 화소 차이 마스크 기법을 고찰하고, 이를 보완·수정한 화소표준화 마스크 분석기법과 NDVI 마스크 분석기법을 제시하였다. 각 기법의 분석원리와 방법을 정리하면 다음과 같다.

(1) 화소 차이 마스크 기법

이 기법은 연구 대상지역 중에서 해안습지가 변화한 지역만을 마스크 형식으로 추출하여 토지피복의 변화를 분석하는 기법이다. 구체적인 분석기법과 단계는 다음과 같다〈그림 Ⅱ-31〉. 첫째, 지도대수법을 이용하여 해안습지가 변화한 지역을 추출한다. 해안습지를 가장 적절히 표현하고 있는 밴드의 영상을 추출한 후, 시기별로 영상의 화소값의 차이를 구하고, 그 결과 임계치(threshold) 이상의 많은 차이를 보이는 화소들을 습지가 변화한 지역으로 설정한다. 둘째, 변화지역으로 설정된 지역만 남기고 나머지 지역을 가린(마스킹) 후, 변화한 지역만을 대상으로 영상분류를 하고 결과를 비교한다. 영상에서 마스크로 추출된 지역만을 대상으로 두시기의 영상을 분류한다.

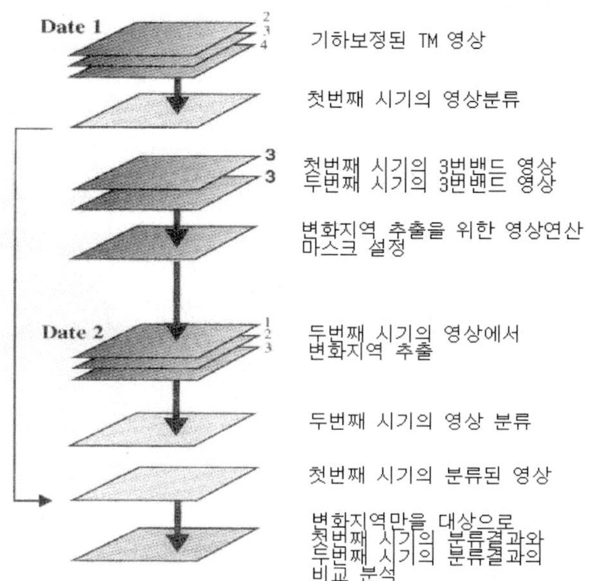

출처: Jensen. 1996. 271.

〈그림 Ⅱ-31〉 화소 차이와 마스크를 이용한 변화탐지 기법

이 방법은 습지와 변화지역과 변화경향을 모두 분석할 수 있는 효과
적인 기법으로 평가된다. 또한 영상을 분류할 때, 전체 영상을 대상으로
하지 않고 일부지역만을 대상으로 하기 때문에 분류정확도를 높일 수 있
으며, 영상의 일부만을 처리하므로 처리시간이나 효율성 면에서도 우수
하다. 또한 해안습지 변화지역을 먼저 추출한 후, 해당지역을 대상으로
심층적인 변화분석이 가능하다. 그러나 처리과정이 복잡하고, 영상에서
습지가 변화한 지역, 즉 마스크 지역의 설정에 연구결과가 좌우된다는
단점을 가지고 있다. 또한 서로 다른 시기의 영상에서 화소값의 차이를
계산할 때, 영상의 촬영상황이 서로 다르기 때문에 반사도의 단순한 차
이연산과 비교에는 무리가 있다.

(2) 화소 표준화 마스크 기법

앞서 살펴본 화소 차이 마스크 기법은 위성영상의 시기별 화소값의 분포를 고려하지 않고 단순히 화소값의 차이를 구하고 있는 것으로, 이는 영상의 촬영상황에 따라 화소값의 차이가 달리 나타날 수 있기 때문에 해안습지의 변화지역을 설정하는 과정에서 다른 결과가 나타날 수 있다. 즉, 영상의 촬영상황에 따라 실제로는 변하지 않은 영역이 변화한 영역으로 잘못 해석될 수 있다. 따라서 본 연구에서는 통계적인 방법을 이용하여 이러한 화소 차이 마스크 기법의 한계를 보완한 화소표준화 마스크 기법과 NDVI 마스크 기법을 제시하고자 한다.

우선 화소표준화 마스크 기법의 분석 과정은 다음과 같다. 첫째, 각 시기별 영상에서 해안습지를 적절히 표현하는 밴드를 추출하고, 화소값의 평균과 표준편차를 구한다. 둘째, 평균과 표준편차를 이용하여 각 화소의 값을 표준화 점수로 변환한 후, 뺄셈연산을 통해 변화지역을 추출한다. 이 단계에서 표준화 점수를 구하는 방법은 다음과 같다.

표준화 점수=(화소값-평균) / 표준편차

이 기법은 영상의 화소값을 그대로 분석에 이용하지 않고 표준화 점수로 변환하여 분석에 이용하도록 보완되었다. 셋째, 뺄셈연산 이후 얻어진 화소값의 차이는 그대로 마스크를 작성하는 데 적용되며, 마스크를 이용하여 해안습지 변화지역의 토지유형 변화를 분석한다.

이 기법은 단순한 지도대수의 차이연산이 가지고 있는 시기별 반사도의 차이를 통계학적으로 보완하여 영상의 촬영상황의 차이에 따른 분석의 문제를 해결하고자 하였다. 그러나 영상에서 화소의 분포가 정규분포가 아닐 경우 표준화 점수의 의미가 상실될 위험이 있다.

(3) NDVI 마스크 기법

앞서 언급하였다시피, 화소 차이 마스크 기법을 보완하기 위한 두 번째 기법은 NDVI 마스크 기법이다. NDVI 마스크 기법은 영상을 표준점수로 변환하는 대신에 식생의 밀도를 표현하는 식생지수(NDVI; normaillized differences in vegetation index)로 변환하여 화소의 표준화와 식생밀도를 함께 고려하도록 보완한 기법이다. NDVI를 구하는 기본적인 식은 다음과 같다.

$$NDVI = (적외선밴드\ 화소값 - 적색밴드\ 화소값)\ /\ (적외선밴드\ 화소값 + 적색밴드\ 화소값)$$

NDVI는 식생의 밀도를 표현하면서 표준화되어 있기 때문에 지도대수법에 의한 영상의 차이를 구할 때 더욱 효과적으로 작용될 수 있다. 따라서 영상의 차이를 구하기 이전에 각 화소들마다 NDVI를 구하고, 이 값을 뺄셈으로 연산하여 해안습지의 변화지역을 설정하도록 보완하였다. 뺄셈연산 이후 얻어진 화소값의 차이는 마스크를 작성하는 데 적용되며, 마스크를 이용하여 해안습지 변화지역의 토지유형 변화를 분석한다.

이 기법은 영상의 시기별 반사도의 차이를 보완하면서 식생밀도를 이용하여 습지의 변화를 추적할 수 있는 기법이라 할 수 있다. 그러나 해안습지의 변화를 식생밀도의 차이로만 추적하기 때문에 식생 이외의 요인에 대한 분석이 필요하다.

4) 위성영상을 이용한 해안습지 변화분석의 적용

(1) 대상지역과 자료

대상지역은 행정구역상으로는 인천광역시에 속해 있는 1,217ha 면적의 해안습지 지역이다. 흔히 영종도 북부 갯벌로 칭해지는 연구지역은 한반도 서해안의 대표적인 갯벌 퇴적지형이다〈그림 Ⅱ-32〉. 그러나 1992년 이후 시행된 인천국제공항의 건설로 말미암아 현재는 대부분의 해안습지가 공항부지로 대표되는 인공건조지형(built environment)으로 변화된 지역이기도 하다. 따라서 이 지역은 10년이라는 짧은 시간동안에 해안지형경관이 육상지형경관, 자연경관이 인조경관으로 변화된 대표적인 해안습지라 할 수 있다.

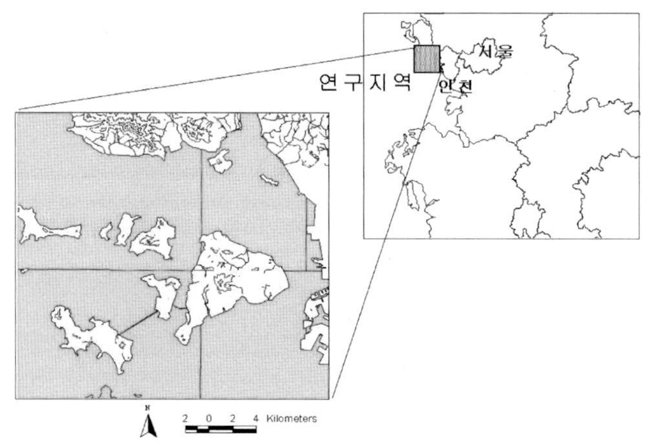

〈그림 Ⅱ-32〉 대상지역의 위치

습지의 변화분석을 적용하기 위하여 이용된 자료는 연구지역의 시기별 1:25,000 지형도와 Landsat-TM 위성영상으로 그 시기는 크게 1985년, 1996년, 2000년이다. 사용한 영상은 1985년 10월 21일 촬영한 TM 영상과 1996년 9월 1일 촬영한 TM 영상, 그리고 2000년 9월 4일 촬영한 TM 영상이다〈그림 Ⅱ-33〉. 각각의 영상은 지상기준점을 이용하여 기하보정하였고, 영상의 좌표값을 일치시켜(registration), 변화지역의 분석이 가능하도록 처리하였다.

(a) 1985년 영상   (b) 1996년 영상   (c) 2000년 영상

〈그림 Ⅱ-33〉 대상지역의 위성영상

(2) 위성영상의 시기별 토지피복 분류와 비교

1985년, 1996년, 2000년에 각각 촬영된 Landsat-TM 영상을 이용하여 식생피복지, 나지, 갯벌, 바다의 네 가지 유형으로 토지피복을 분류하였다. 시기별로 분류된 영상은 〈그림 Ⅱ-34〉와 같으며, 이들 영상을 시기별로 중첩하여 각 화소들의 교차참조(cross table)한 결과는 〈표 Ⅱ-12〉와 같다. 표에서 열은 첫 번째 시기의 토지피복 분류결과이며, 행은 두 번째 시기의 토지피복 분류결과이다. 표에서 설명하는 단위는 첫 번째 시기의 토지피복에서 두 번째 시기의 토지피복으로 변화한 면적을 화소수로 표현한 것이다.

이 시기의 변화를 정리하면 첫째, 1985년에서 1996년 사이에는 바다로 분류되었던 많은 화소들이 갯벌로 변화하였으며, 나지가 식생피복지로 변화하였다. 표에서 바다열과 갯벌행에 해당하는 값인 64,995개의 화소가 변화하였다. 둘째, 1996년에서 2000년 사이에는 갯벌로 분류되었던 많은 화소들이 바다로 변화(40,756 화소)하였으며, 식생피복지가 나지로 변화(41,586 화소)하였다.

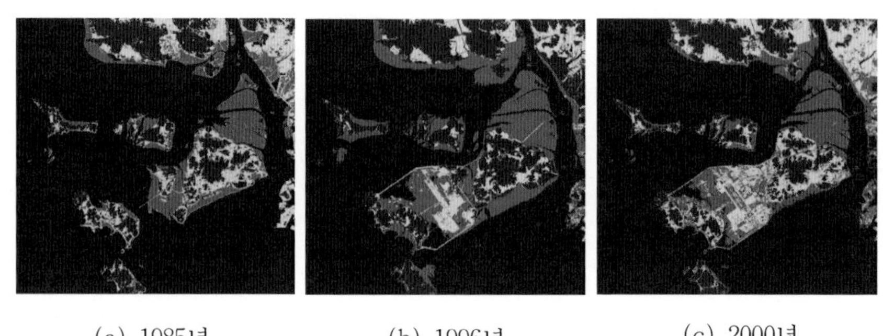

(a) 1985년 (b) 1996년 (c) 2000년

〈그림 Ⅱ-34〉 시기별 위성영상 토지피복 분류결과

〈표 Ⅱ-12〉 토지피복 분류유형의 시기별 교차 참조표

		1985년			
		식생피복지	나 지	갯 벌	바 다
	식생피복지	103,026	32,901	13,252	4,963
1996년	나 지	5,333	40,932	9,719	8,122
	갯 벌	6,440	14,653	58,893	64,995
	바 다	615	215	630	538,705
		1996년			
		식생피복지	나 지	갯 벌	바 다
	식생피복지	98,278	3,486	4,228	1,565
2000년	나 지	41,586	51,463	12,310	1,315
	갯 벌	9,846	9,054	87,687	5,453
	바 다	4,432	103	40,756	531,832

(3) 화소 차이 마스크를 이용한 비교

강화도 남단과 영종도 영상을 대상으로 3번 밴드를 추출하여 년도별로 반사도의 차이를 구한 후, 차이가 큰 지역을 해안습지 변화지역으로 추출하였다. 화소값의 차이가 큰 지역의 선정기준은 평균에서 표준편차의 두 배에 해당되는 구역 이외에서 추출하였다. 이 지역은 화소값의 차이가 통계적으로 전체의 95%에서 벗어나는 지역이므로 화소값의 차이가

상당히 큰 지역이라 할 수 있다. 이러한 방법으로 추출한 해안습지 변화 지역은 〈그림 Ⅱ-35〉와 같다.

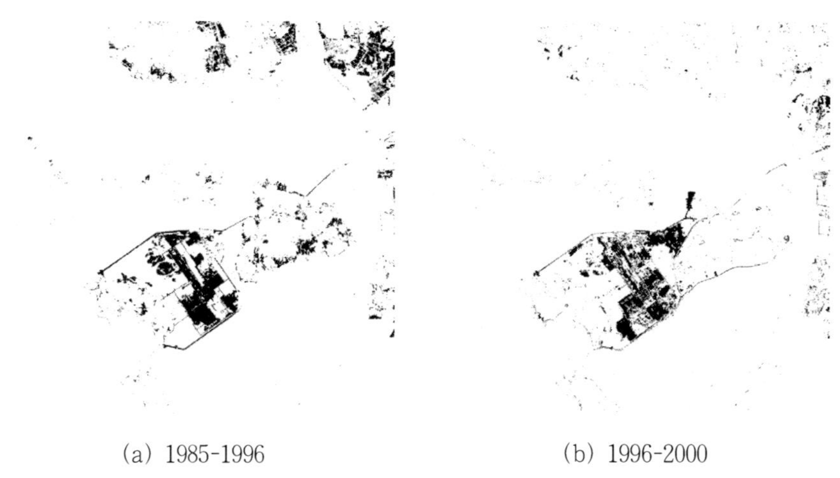

(a) 1985-1996   (b) 1996-2000

〈그림 Ⅱ-35〉 화소 차이 마스크 기법에 의해 작성된 해안습지 변화 마스크

화소 마스크는 화소 차이의 값이 양(+)의 값을 가진 영역과 음(-)의 값을 가진 영역으로 양분할 수 있다. 화소의 차이가 양의 값을 가진 영역은 시간에 따라 화소값이 감소한 것으로, 식생이 줄고 수분이 증가한 것이므로 습지화된 영역이라 할 수 있다. 반면에 화소의 차이가 음의 값을 가진 영역은 시간에 따라 화소값이 증가한 것으로, 식생이 늘고 수분이 감소한 것이므로 반대로 육상화된 영역이라 할 수 있다.

화소 마스크에서 양분되는 두 가지 영역의 면적을 시기별로 분석하면 〈표 Ⅱ-13〉과 같다. 1985년에서 1996년 사이에는 습지와 육상화 마스크의 면적이 비슷하다. 그러나 1996년에서 2000년 사이에는 육상화된 면적이 습지화 면적보다 10배 이상 크게 나타났다.

〈표 Ⅱ-13〉 화소 차이 마스크 기법에 의한 시기별 마스크의 면적

	1985~1996	1996~2000
습지화된 화소수	22,318	5,952
육지화된 화소수	23,218	53,755
변화된 화소수 합계	45,536	59,707

〈표 Ⅱ-14〉 화소 차이 마스크 기법에 의한 시기별 마스크의 면적

		1985년			
		식생피복지	나지	갯벌	바다
1996년	식생피복지	19	2,350	309	10
	나지	3,113	21,159	5,289	8,074
	갯벌	330	71	20	4,639
	바다	1	43	55	54
		1996년			
		식생피복지	나지	갯벌	바다
2000년	식생피복지	159	130	416	414
	나지	4,144	5,144	7,819	8,444
	갯벌	2,743	405	5,645	23,865
	바다	26	11	90	252

화소 마스크로 설정된 해안습지 변화지역을 대상으로 토지피복 분류하여 해안습지의 변화형태를 분석한 결과는 〈표 Ⅱ-14〉와 같다. 1985년에서 1996년 사이에는 대부분의 토지유형들이 나지로 변화하였다. 그러나 1996년에서 2000년 사이에는 바다에서 갯벌로 변화한 양상이 두드러지며(23,865 화소), 나머지 토지유형들은 대부분 나지로 변화하였다.

(4) 표준화 화소 차이 마스크를 이용한 비교

강화도 남단과 영종도 영상을 대상으로 3번 밴드를 추출하여 반사도의 표준화 점수를 구한 후, 년도별로 표준화 점수의 차이를 구하여, 차이

가 큰 지역을 해안습지 변화지역으로 추출하였다. 반사도의 차이가 큰 지역의 선정기준은 평균에서 표준편차의 두 배에 해당되는 구역 이외에서 추출하였다. 이 지역은 화소값의 차이가 통계적으로 전체의 95%에서 벗어나는 지역이므로 화소값의 차이가 상당히 큰 지역이라 할 수 있다. 이러한 방법으로 추출한 해안습지 변화지역은 〈그림 Ⅱ-36〉과 같다.

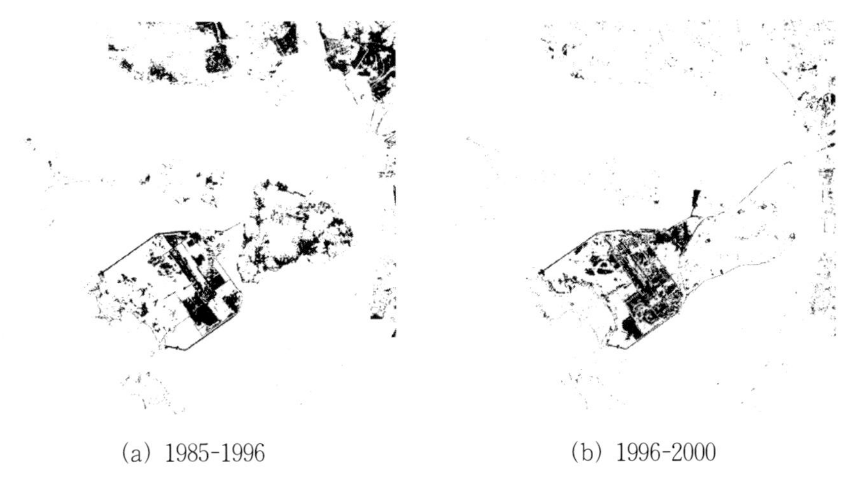

(a) 1985-1996　　　　　　　(b) 1996-2000

〈그림 Ⅱ-36〉 표준화된 화소 차이 마스크 기법에 의해 작성된 해안습지 변화 마스크

화소 마스크에서 양분되는 두 가지 영역의 면적을 시기별로 분석하면 〈표 Ⅱ-15〉와 같다. 1985년에서 1996년 사이에는 습지화된 면적이 2배 이상 크게 나타났다. 그러나 1996년에서 2000년 사이에는 육상화된 면적이 1.5배 크게 나타났다.

〈표 Ⅱ-15〉 표준화 화소 차이 마스크 기법에 의한 시기별 마스크의 면적

	1985~1996	1996~2000
습지화된 화소수	39,069	14,712
육지화된 화소수	18,238	20,403
변화된 화소수 합계	57,307	35,115

〈표 Ⅱ-16〉 표준화 화소 차이 마스크 기법에 의한 마스크의 시기별 토지피복 변화

		1985년			
		식생피복지	나 지	갯 벌	바 다
	식생피복지	16	7,486	994	18
1996년	나 지	2,884	29,194	4,794	7,915
	갯 벌	167	748	1	2,864
	바 다	0	63	98	65
		1996년			
		식생피복지	나 지	갯 벌	바 다
	식생피복지	377	655	1,107	18
2000년	나 지	4,287	8,209	5,901	816
	갯 벌	2,494	5,553	2,561	2,455
	바 다	43	89	476	74

화소 표준화 마스크로 설정된 해안습지 변화지역을 대상으로 토지피복을 분류하여 해안습지의 변화형태를 분석한 결과는 〈표 Ⅱ-16〉과 같다. 1985년에서 1996년 사이에는 바다에서 나지로의 변화(7,915 화소)가 두드러지게 나타나고 있다. 1996년에서 2000년 사이에는 많은 화소가 식생피복지에서 나지(4,287 화소), 갯벌에서 나지(5,901 화소), 나지에서 갯벌(5,553 화소)로 변화한 것으로 나타났다.

(5) NDVI의 차이로 만든 마스크를 이용한 비교

강화도 남단과 영종도 영상을 대상으로 3번 밴드와 4번 밴드를 이용하여 NDVI를 구한 후, 년도별로 NDVI의 차이를 구하여, 차이가 큰 지역을 해안습지 변화지역으로 추출하였다. 반사도의 차이가 큰 지역의 선정기준은 평균에서 표준편차의 두 배에 해당되는 구역 이외에서 추출하였다. 이 지역은 화소값의 차이가 통계적으로 전체의 95%에서 벗어나는 지역이므로 화소값의 차이가 상당히 큰 지역이라 할 수 있다. 이러한 방법으로 추출한 해안습지 변화지역은 〈그림 Ⅱ-37〉과 같다.

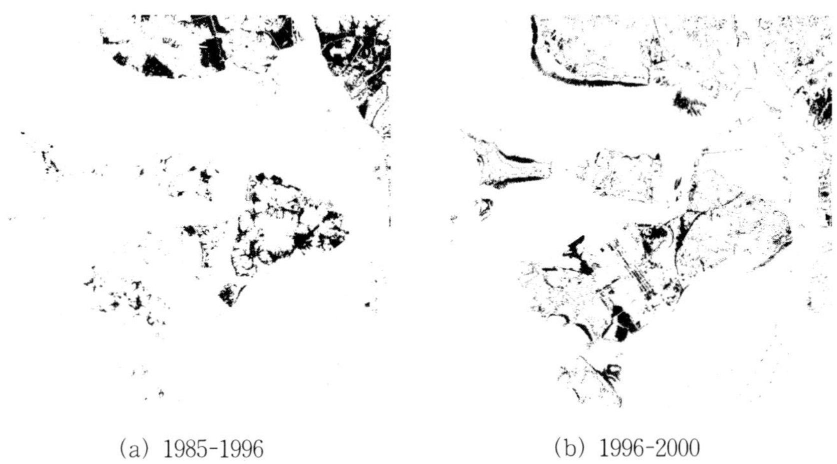

(a) 1985-1996   (b) 1996-2000

〈그림 Ⅱ-37〉 NDVI 차이 마스크 기법에 의해 작성된 해안습지 변화 마스크

　화소 마스크에서 양분되는 두 가지 영역의 면적을 시기별로 분석하면 〈표 Ⅱ-17〉과 같다. 1985년에서 1996년 사이에는 육지화된 면적이 10배 이상 크게 나타났다. 그러나 1996년에서 2000년 사이에는 습지화된 면적이 3배 크게 나타났다.

〈표 Ⅱ-17〉 NDVI 차이 마스크 기법에 의한 시기별 마스크의 면적

	1985~1996	1996~2000
습지화된 화소수	3,017	36,286
육지화된 화소수	47,097	10,836
변화된 화소수 합계	50,114	47,122

　화소 표준화 마스크로 설정된 해안습지 변화지역을 대상으로 토지피복 분류하여 해안습지의 변화형태를 분석한 결과는 〈표 Ⅱ-18〉과 같다. 1985년에서 1996년 사이에는 나지에서 식생피복지(5,122 화소)로, 갯벌에서 식생피복지(3,497 화소)와 나지로의 변화(4,057 화소)가 두드러지게 나타났다. 1996년에서 2000년 사이에는 많은 화소가 식생피복지에서 나

지(7,658 화소)와 갯벌(5,336 화소), 갯벌에서 바다(13,745 화소)로 변화한 것으로 나타났다.

〈표 Ⅱ-18〉 NDVI 차이 마스크 기법에 의한 마스크의 시기별 토지피복 변화

		1985년			
		식생피복지	나 지	갯 벌	바 다
1996년	식생피복지	1,090	5,122	3,497	938
	나 지	2,925	31,409	4,057	64
	갯 벌	258	46	49	289
	바 다	37	18	297	18
		1996년			
		식생피복지	나 지	갯 벌	바 다
2000년	식생피복지	3,800	948	1,114	1,126
	나 지	7,658	3,536	1,597	924
	갯 벌	5,336	686	779	3,785
	바 다	598	54	13,745	1,436

5) 해안습지 변화분석기법의 평가

위성영상을 이용한 해안습지 변화를 파악하기 위하여 영종도 지역을 대상으로 LANDSAT 자료를 이용하여 3가지 분석기법을 적용하였다. 이 장에서 수행한 3가지 분석기법 가운데 이와 같은 실제적인 환경변화를 가장 잘 반영한 기법이 해안습지 지형경관변화를 모니터링하는 데 있어서 가장 효과적인 방법이라 할 수 있다. 이를 위해 지금까지의 분석결과를 정리하면 다음의 표와 같다.

〈표 Ⅱ-19〉 변화분석기법의 결과 비교(단위: 변화면적의 비율, %)

변화시기	변화된 내용	전체 토지피복 변화분석	화소 차이 마스크 기법	표준화 화소 차이 마스크 기법	NDVI 차이 마스크 기법
1985년부터 1996년까지	갯벌 → 나지	1.08	(a)11.61	(d)8.37	(g)8.10
	수역 → 나지	0.90	17.73	13.81	0.13
	갯벌 → 식생	1.47	(b)0.68	(e)1.73	(h)6.98
	나지 → 식생	3.64	5.16	13.06	10.22
1996년부터 2000년까지	갯벌 → 나지	1.36	13.10	16.80	3.39
	수역 → 나지	0.15	14.14	2.32	1.96
	갯벌 → 식생	0.47	0.70	3.15	2.36
	나지 → 식생	0.39	(c)0.22	(f)1.87	(i)2.01

　첫째, 화소 차이 마스크 기법을 이용한 위성영상 분석결과에 의하면 1985~1996년 사이에는 갯벌이 나지로 변화한 유형이 잘 반영되고 있어서 전체적으로 매립에 따른 해안습지의 육지화라는 실제적 환경변화를 잘 반영한다고 할 수 있다(표 Ⅱ-19의 a). 그러나 갯벌이 식생지로 변화한 유형은 거의 반영이 되지 않아 갯벌이 염생습지로 육상화되는 것과 같은 정밀한 토지피복의 변화를 반영하는 데에는 한계가 있는 것으로 판단되었다(표 Ⅱ-19의 b). 그리고 1996~2000년 사이의 경우 나지가 식생피복지로 새롭게 변화한 유형을 미미하게 반영하고 있어서 기존에 조성된 매립지 위에 새롭게 조성된 조경지 등과 같은 구체적인 토지피복변화는 잘 반영하지 못하는 것으로 판단되었다(표 Ⅱ-19의 c).

　둘째, 화소표준화 마스크 기법을 이용한 위성영상 분석결과에 의하면 앞서의 화소 차이 마스크 기법과 마찬가지로, 1985~1996년 사이에는 갯벌이 나지로 변화한 유형이 잘 반영되고 있어서 전체적으로 매립에 따른 해안습지의 육상화라는 환경변화를 잘 반영한다고 할 수 있다(표 Ⅱ-19의 d). 그러나 이 기법 역시 갯벌이 식생지로 변화한 유형은 전혀 반영이 되지 않아 갯벌이 염생습지로 육상화되는 것과 같은 정밀한 토지피복의 변화를 반영하는 데에는 역시 한계가 있는 것으로 판단되었다(표 Ⅱ

-19의 e). 그리고 1996~2000년 사이의 경우 나지가 새롭게 식생지로 변화한 유형을 미미하게 반영하고 있어서 기존에 조성된 매립지 위에 새롭게 조성된 조경지 등과 같은 구체적인 토지피복변화를 잘 반영하지 못하는 것으로 판단되었다(표 Ⅱ-19의 f).

셋째, NDVI 마스크 기법을 이용한 위성영상 분석결과에 의하면 1985~1996년 사이에 갯벌이 나지로 변화한 유형이 잘 반영되고 있을 뿐만 아니라(표 Ⅱ-19의 g), 앞서의 두 기법에서 반영하지 못하고 있는 갯벌이 식생지로 변화한 유형도 잘 반영하고 있어서 해안습지의 육상화라는 환경변화를 좀 더 구체적이고 정밀하게 반영하고 있다고 판단되었다(표 Ⅱ-19의 h). 그리고 1996~2000년 사이의 경우 나지가 새롭게 식생지로 변화한 유형 역시 앞서의 두 기법에 비해서 높은 비율로 반영하고 있어서 새롭게 조성된 토지피복의 양상을 효과적으로 반영하는 것으로 판단되었다(표 Ⅱ-19의 i). 또한 1996~2000년 사이의 경우 기존의 염생습지가 인공구조물 지역으로 변하면서 토지피복상으로는 나지로 변하는 양상 역시 NDVI 마스크 기법이 가장 잘 반영하고 있는 것으로 판단되었다.

결론적으로 시기별 위성영상을 이용하여 해안습지의 지형경관변화를 분석하는 데 있어서 구체적이고 정밀하게 변화양상을 반영하는 기법으로는 NDVI 마스크 기법인 것으로 판단되었다. 따라서 현장에 대한 데이터 수집이 어렵고 기존의 연구결과도 미미한 해안지역의 변화를 위성영상을 이용하여 해석하고자 하는 경우, NDVI 마스크 기법이 가장 효과적인 방법으로 밝혀졌다.

제3부

위성영상의
공간해상도 특성

8. 공간해상도의 의미와 변환기법

1) 축척과 공간해상도

공간상에 분포한 각종 지리사상들은 다양한 분석기법을 통하여 분포특성과 패턴이 파악된다. 지리학에서 공간분석기법들은 지역의 특성을 파악하는 데 이용되어 왔다. 특히 계량주의 혁명 이후 각종 지리통계 기법들이 개발되어 왔으며 컴퓨터 기술의 발달과 함께 등장한 GIS는 공간분석기법의 개발과 적용에 절정을 이루게 되었다. 복잡한 분석기법이나 모의실험도 GIS 기법을 이용하여 효과적인 분석이 가능하다. 축척(scale)은 공간분석기법에서 연구자가 고려해야 할 중요한 요인 중의 하나이다. 축척은 측정이 이루어지는 시간적, 공간적 간격으로 정의되며, 연구지역의 범위나 측정단위로 결정되기도 한다. 공간분석에 있어서 축척이 중요한 이유는 공간자료에 축척의존성(scale dependancy)이 존재한다는 점 때문이다. 지리적 분포패턴이 축척에 따라 변화할 수 있다는 특성을 축척 의존성이라 한다. 동일한 공간분포 패턴을 나타내고 있는 지리사상이라 할지라도 분석결과는 연구자가 선정하는 축척에 따라 변화할 수 있다. 즉, 특정단위의 축척에서만 공간적 패턴을 보이는 지리사상도 존재한다. 이 때문에 지리학에 있어 축척의 문제는 오래전부터 주요 관심분야로 다루어져 왔다. 공간상의 지리현상은 특정한 축척에서 보다 선명하게 관찰된다. 이때의 축척을 현상반영 축척(operational scale)이라 한다. 공간현상을 보다 명확히 설명하기 위해서는 이러한 현상이 나타나는 축척을 적절히 선정하여야 한다. 이를 기반으로 지리현상을 명확히 표현하는 것이 지리현상을 보다 효과적으로 분석할 수 있는 토대가 될 수 있다.

원격탐사에서는 공간해상도를 이용하여 축척을 표현한다. 공간해상도란 주어진 고도와 특정한 촬영폭과 시간에서 어떤 센서가 지표면의 반사도를 측정할 수 있는 가장 작은 단위를 뜻한다. 공간해상도는 보통 미터 단위로 표현되는데 AVHRR과 같이 해상도가 낮은 센서의 경우 킬로미터 단위로 표현된다. 다른 모든 조건들이 같다면 1m 해상도의 센서는 맨홀과 같은 작은 사상도 식별할 수 있으며, 10m 해상도의 센서는 가옥이나 빌딩을 식별할 수 있다. 그러나 공간해상도는 분광해상도와 결합되어 실질적인 해상도로 표현된다. 촬영을 할 때 대상물 주위와의 색의 대비(contrast)나 색상 등이 잘 구별되는지, 혹은 특정 파장대에서 구분이 잘 되는지 등에 따라 공간해상도는 달라질 수 있다.

원격탐사와 GIS 분야에서 해상도는 연구결과의 질을 좌우하는 핵심적인 요소로 자리잡고 있음에도 불구하고 해상도에 대한 연구는 최근에야 활발히 이루어지기 시작하였다. 원격탐사에서 다루어지는 해상도 중에서 주된 관심분야는 공간해상도이다. 공간해상도는 센서의 특성에 의해 결정되기 때문에 센서에 관한 연구가 지금까지는 주된 연구주제로 다루어져 왔다. 그러나 최근 다양한 공간해상도의 위성영상이 등장함에 따라 공간해상도의 변화에 따른 영상의 특성을 탐색하는 데 많은 연구가 이루어지고 있다. 이러한 관점에서 원격탐사에서 공간해상도의 중요성이 인식되기 시작하였으며, 공간해상도를 주요 연구과제로 다루게 되었다. 특히 위성영상과 같은 수치 데이터는 아날로그 사진에 비하여 관리와 조작이 용이하기 때문에 연구자가 필요로 하는 공간해상도의 자료로 변환이 용이하다. 수치 데이터의 형태로 구성되어 있는 영상자료로부터 다양한 해상도의 영상자료를 제작하고 각 해상도의 영상이 얼마나 지표면의 특성을 잘 반영하는가를 측정하는 모의실험이 가능하게 되었다.

위성영상은 수치자료의 형태로 되어있어 컴퓨터에서 수치의 조작으로 해상도의 변환이 가능하다. 인근화소의 DN값을 조합하여 하나의 대표값을 줌으로써 저해상도의 해상도로 변환할 수 있다. 또한 저해상도로 변환된 영상도 인근의 DN값을 합침으로써 더욱 낮은 해상도의 영상을 제작할 수 있다. 원 이미지로부터 제작된 여러 가지 해상도의 이미지들은 각각 비교, 분석되어 연구자의 분석에 적합한 해상도가 선정될 수 있다.

GIS와 원격탐사에서, 축척은 자료의 질과 양을 결정하는 요인으로 해석된다. 축척이 자세할수록 해상도가 높아지게 되어 크기가 작은 지형지물도 감지할 수 있다. 해상도가 높은 자료는 그 양이 기하급수적으로 증가한다. 자료의 양적 증가는 자료의 처리시간에도 영향을 주게 되어, 대용량의 고성능 컴퓨터 시스템이 아니면 처리가 어려워진다. 수치영상 자료 역시 축척 효과를 가지고 있어, 연구자가 요구하는 것보다 더욱 높은 해상도의 자료를 이용할 경우, 자료의 저장 공간과 처리시간 면에서 비효율적일 뿐만 아니라 분석결과 역시 신뢰도가 감소될 위험이 있다. 따라서 원격탐사 영상의 특성을 최대한 유지하면서 최소한의 자료처리를 할 수 있는 적정해상도를 모색한다면 보다 효과적으로 위성영상을 활용할 수 있을 것이다.

원격탐사 영상의 해상도 특성을 측정하기 위해서는, 다양한 해상도의 영상을 대상으로 각각의 해상도에서 영상의 특성을 지수로 표현하고 해상도에 따른 지수의 변화특성을 분석하는 과정이 필요하다. 이러한 지수의 변화를 탐색하여 연구자의 분석목적에 적합한 축척을 선정할 수 있다.

2) 위성영상의 다중 해상도 모형

(1) 피라미드 모형

하나의 래스터 자료로부터 다양한 해상도의 래스터 자료를 추출할 수 있는 기법으로 여러 가지 기법들이 개발되어 왔다. 대표적인 기법이 압축(aggregation)을 이용한 피라미드 접근법이다. 원래의 자료에서 인접한 픽셀들을 묶어 하나의 픽셀로 표현하는 방법으로 낮은 해상도의 자료를 생성하는 기법이다. 새로이 생성된 래스터 자료는 다시 인접 픽셀들을 묶어 더욱 낮은 축척의 자료로 생성된다. 이러한 과정이 반복되면서, 원래의 래스터 자료는 가장 아래에 위치하고, 하나로 압축된 픽셀은 가장 상층에 위치하는 피라미드의 자료모형이 생성된다. 이러한 모형을 피라미드 모형이라 한다. 피라미드 모형의 원리는 〈그림 Ⅲ-1〉과 같다.

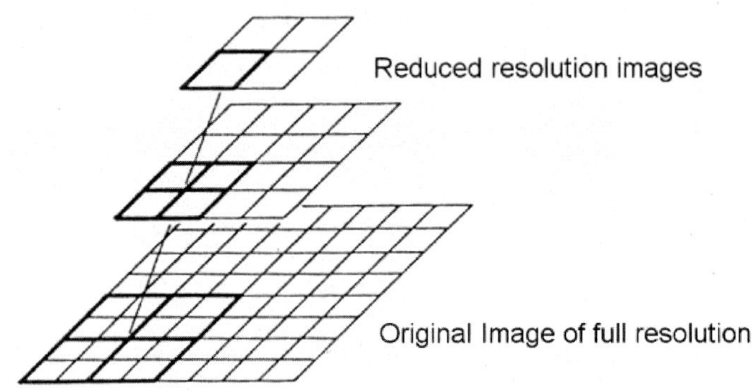

출처: Richards. 1993. 33

〈그림 Ⅲ-1〉 다축척 피라미드 모형

(2) 라플라시안 피라미드 모형

일반적으로 피라미드 모형은 원래의 자료보다 약 1.33배 많은 저장 공간을 필요로 한다. 여러 가지 해상도의 자료를 각각 구축하여 저장하기 때문이다. 따라서 고해상도 영상과 같이 많은 양을 가진 래스터 자료의 경우 자료의 저장 공간이 문제가 될 수 있다. 자료의 저장 공간을 어느 정도 절약하면서 피라미드 구축기법의 장점을 살린 기법이 라플라시안 피라미드 모형이다. 라플라시안 피라미드는 피라미드를 구축할 때 원래 해상도의 자료와 축약된 해상도의 자료와의 차이만을 저장하는 기법이다. 원래의 피라미드는 축약된 자료를 저장하지만, 라플라시안 피라미드는 축약된 자료와 원자료와의 차이를 저장함으로써, 저장되는 자료의 양을 줄이고 있다. 즉 저장되는 자료가 원래의 피라미드보다 적은 용량을 차지함으로써 저장 공간을 줄이는 효과를 가지고 있다. 또한 라플라시안 피라미드는 최정상의 자료로부터 해당되는 해상도의 자료의 값을 계산함으로써 다축척의 자료를 구현할 수 있다.

(3) JPEG 계층적 모형

1982년 국제 표준화 기구 ISO(International Standard Organizations)는 정지 영상의 압축표준을 만들기 위해 PEG(Photographic Experts Group)을 만들었다. 1986년에 CCITT(International Telegraph and Telephone Consultative Committee: 국제 전신 전화 위원회)에서는 팩스를 이용해 영상을 전송하기 위한 영상압축 방법을 연구하기 시작했다. 이 두 연구과제는 영상압축이라는 동일한 주제를 다루고 있으므로, 1987년 두 기구의 영상 전문가들이 연합해 공동 연구를 착수하기 시작했다. 이를 JPEG(Joint Photographic Experts Group)라고 한다. 이들의 연구결과 등장한 JPEG 기법은 압축효과가 뛰어나고 다양한 색상의 영상을 다루고 있어, 영상을 다루는 대부분의 응용분야에서 활발히 이용되고 있다.

JPEG는 영상을 다양한 해상도로 표현하기 위하여 계층적 부호화(hierarchical coding) 기능을 가지고 있다. 이 기능은 피라미드 구조와 같이 원래의 영상으로부터 샘플링 과정을 통해 다양한 해상도의 영상을 구축하여 사용자의 용도에 맞는 해상도의 영상을 제공하는 기법이다. JPEG는 기본적으로 영상의 압축을 위하여 고안된 영상포맷이기 때문에 다양한 해상도로로 구축된 영상들 역시 압축되어 표현된다. 구체적인 압축기법은 〈그림 Ⅲ-2〉와 같다.

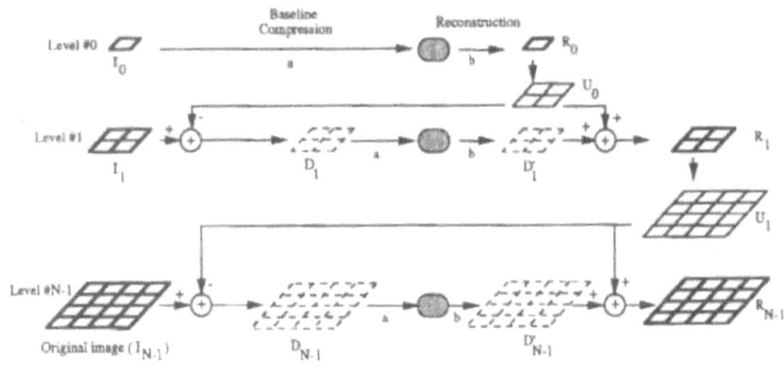

출처: 이화정·김영섭. 2000. 59.

〈그림 Ⅲ-2〉 JPEG의 계층적 모형

피라미드 구조에서는 원래의 영상이 낮은 해상도로 표현하려면 원래 해상도의 영상과 낮은 해상도의 영상이 필요하다. 그러나 JPEG 구조에서는 원래의 영상과 낮은 해상도의 영상과의 차이를 표현하는 영상(차이영상)만이 필요하다. 원래의 영상은 차이 영상과 낮은 해상도 영상을 이용하여 구할 수 있기 때문이다. 이 원리는 라플라시안 피라미드의 원리와 동일하다. 이러한 차이 영상은 압축되고, 더 낮은 해상도의 영상으로 반복되게 된다. 최종적으로 축소된 영상과 차이영상들이 압축되어 다양한 해상도의 영상이 압축되어 표현될 수 있다.

(4) 웨이브렛 다해상도 모형

웨이브렛의 기본 개념은 축척을 통하여 실세계의 현상을 함수로 분석하는 것이다. 웨이브렛 알고리듬은 다른 축척, 혹은 해상도에서 자료를 처리한다. 큰 윈도우에서 신호를 볼 경우 전반적인 특성만 볼 수 있다.

그러나 작은 윈도우에서 신호를 볼 경우 작은 특성만 볼 수 있다. 웨이브렛 분석은 숲과 나무를 모두 볼 수 있는 효율적인 도구로 인정받고 있다. 다해상도 분석은 웨이브렛 변환을 이용하여 영상의 정보를 취득하고 이를 폐합된 하위 공간에서 구체적 내용(details)으로 변환하는 것이다. 해상도 2_j에서 영상의 구체적 정보는 해상도 2_j와 낮은 해상도 2_{j-1} 간의 근사치의 차이로 표현된다. 여기서 j는 정수로 해상도 수준을 표시한다. 이 차이는 웨이브렛 기저에서 함수를 분해함으로써 구해진다.

웨이브렛을 이용한 영상의 분해과정은 다음과 같다. 모 웨이브렛으로 가장 간단하고 오래된 Haar 웨이브렛이 사용된다. Haar 웨이브렛은 가장 간단한 형태의 웨이브렛으로, 응용이 간단하여 가장 많이 쓰이고 있는 이산 웨이브렛의 한 형태이다. Haar 웨이브렛은 1과 -1의 값을 취하는 함수이다. Haar 직교 기저함수는 다음과 같다.

$$\phi_{1,1}(x) = \frac{1}{2}\begin{pmatrix} 1 & 1 \\ 1 & 1 \end{pmatrix},\ \phi_{1,2}(x) = \frac{1}{2}\begin{pmatrix} -1 & 1 \\ -1 & 1 \end{pmatrix}$$

$$\phi_{2,1}(x) = \frac{1}{2}\begin{pmatrix} -1 & -1 \\ 1 & 1 \end{pmatrix},\ \phi_{2,2}(x) = \frac{1}{2}\begin{pmatrix} 1 & -1 \\ -1 & 1 \end{pmatrix}$$

기본 함수를 필터로 생각하면, $\Psi_{1.1}(x)$는 평균 필터와 같고, $\Psi_{1.2}(x)$는 수평의 high pass filter와 같으며, $\Psi_{2.1}(x)$와 $\Psi_{2.2}(x)$는 각각 수직과 대각선 방향의 high pass filter와 같다. 따라서 $\Psi_{1.1}(x)$ 필터를 거친 영상의 근사값 정보를 담고 있으며, $\Psi_{1.2}(x)$와 $\Psi_{2.1}(x)$, $\Psi_{2.2}(x)$ 필터를 각각 거친 영상은 각각 수평, 수직, 대각선 방향에서 구조에 대한 구체적인 정보를 가지고 있다. 이는 원래의 영상의 변이가 수평, 수직, 대각선 등 세 가지 방향의 하위영상으로 분해되었다는 것을 의미한다.

해상도 수준 2 낮은 해상도의 구조영상	해상도 수준 2 수평방향의 하위영상	해상도 수준 1 수평방향의 하위영상
해상도 수준 2 수직방향의 하위영상	해상도 수준 2 대각선방향의 하위영상	
해상도 수준 1 수직방향의 하위영상		해상도 수준 1 대각선방향의 하위영상

출처: Ranchin and Wald. 1993. 616.

<그림 Ⅲ-3> 다해상도 웨이브렛 분해의 모식도

〈그림 Ⅲ-3〉은 2단계의 웨이브렛 분해를 모식적으로 표현한 것이다. 그림에서 각 해상도 R_j에서의 영상은 해상도 R_{j-1}에서는 구조 영상(context image)이라 불리는 웨이브렛 근사 이미지와 수평, 수직, 대각선 방향에서 구체적인 구조(detail structure)를 나타내는 세 개의 하위 이미지로 표현된다. 구조영상은 축척이 현재보다 크기 때문에 발생하는 구조적인 정보를 담고 있다. 상세 영상(detail image)은 R_j와 R_{j-1} 간의 특징을 표현하는 구조들을 표현한다. R_{j-1}에서의 구조영상은 R_{j-2}의 근사치와 상세한 영상으로 분해될 수 있으며, 이는 하나의 화소만이 구조영상을 이루는 경우까지 반복될 수 있다. 따라서 영상구조를 계층적으로 이용하여 다중 해상도 영상으로 표현할 수 있다.

3) 위성영상의 해상도 변환기법

해상도의 변화기법은 원래 크기의 영상으로부터 축척변환을 통하여 소축척, 즉 낮은 해상도의 영상자료를 제작하는 것이다. 일반적으로 높은 해상도의 화소들을 하나로 묶어 낮은 해상도의 자료로 변환한다. 원자료의 화소들을 묶어서 하나의 화소로 만든다고 하여 압축(aggregation)이라고도 표현한다. 보통 2×2개의 화소들을 하나로 묶거나 3×3개의 화소들을 하나로 묶어 새로운 해상도의 영상자료를 생성한다.

　영상의 해상도를 저감하는 방법은 〈그림 Ⅲ-4〉와 같다. 원래의 영상으로부터 인접한 화소들을 합친 후, 합쳐질 대상 화소들의 대표값을 계산하고, 그 결과를 해상도가 변환된 영상으로 작성할 수 있다. 원자료의 화소들을 묶어 새로운 화소의 값을 구하는 방법에 따라 여러 가지 해상도 변환기법이 개발되어 있다. 대표적인 기법으로는 평균법, 가중평균법, 체계적 표본추출법, 대표값 선택법 등이 있다.

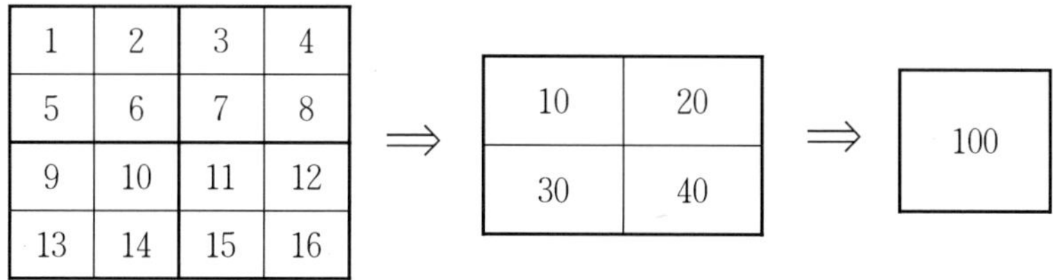

〈그림 Ⅲ-4〉 위성영상의 해상도 변환방법의 예

(1) 평균법

　원래의 화소들의 평균값을 구하여 하나의 화소로 표현하는 방법이다. 영상의 해상도를 조절할 때 평균기법을 사용하면 영상의 평활화 효과 (smoothing effect)가 발생한다. 즉 영상에서 최대값과 최소값들이 평균값으로 수렴된다. 이러한 평활화 효과에 의해 낮은 해상도에서 정보가 변화하며 영상의 표현이 부자연스러울 수 있다.

(2) 가중평균법

　가중평균법은 원자료를 합쳐서 변환될 자료를 생성할 때, 각자 다른 가중치를 주어 평균값을 계산하는 방법이다. 일반적으로 원자료의 중심에 높은 가중치를 주변부에 낮은 가중치를 부여한다. 예를 들어 3×3 개의 화소들을 하나의 화소로 표현할 때, 3×3 픽셀의 중심부에 가장 높은 가중치를 주고, 나머지 8개 픽셀에 낮은 가중치를 부여한 후, 가중치와 화소값의 곱을 구하고 그 평균으로 결과 영상의 화소를 생성한다. 가우스 확률에 따라 가중치를 계산하여 부여하는 가우시안 가중치가 대표적이다. 가우시안 가중치는 〈그림 Ⅲ-5〉와 같다. 중앙의 값의 가중치가 가장 높으며, 수직, 수평의 위치의 가중치가 높게 부여되어 있는 것이 특징이다.

1	4	1
4	12	4
1	4	1

〈그림 Ⅲ-5〉 가우시안 가중치의 예

(3) 체계적 표본추출법

체계적 표본추출법은 원래의 픽셀들 중에 하나를 선정하여 결과 화소로 표현하는 것이다. 이 방법은 평균법에서 나타나는 최대값과 최소값의 변화가 발생하지 않으며 평활화도 나타나지 않는다. 이 기법은 분산과 공간적 자기상관의 변화를 최소화하기 위해 이용되고 있다. 그러나 경관을 표현할 때 공간적인 간격에 의존하기 때문에 결과가 다양하게 나타날 수 있다. 어떤 경우에는 원래의 자료가 최대값, 혹은 최소값들로 왜곡되어 나타날 수 있다. 또한 표본추출의 시작점의 위치에 따라 같은 자료를 변환하더라도 전혀 다른 결과의 영상이 생성될 수 있다.

(4) 대표값 선택(최소값/최대값/중앙값/최빈값)

원자료로부터 합쳐지는 대표값을 이용하는 기법이다. 즉, 원래의 영상에서 일정크기의 윈도우를 설정하고 윈도우에서 대표값을 설정하여 하나의 화소로 표현한다. 대표값으로는 최소값, 최대값, 중앙값, 최빈값이 있다. 최소값은 3×3 윈도우 내에서 가장 작은 값을 선택하는 기법이며, 최대값은 가장 큰값을 선택한다. 중앙값은 윈도우내의 값 중에 가장 중간의 값, 즉 순서대로 값을 나열할 경우 5번째 위치의 값을 선택하며, 최빈값은 가장 빈도가 높은 값을 선택한다. 이러한 대표값 선택기법은 원래의 값이 해상도의 변환 후에도 그대로 유지된다는 장점을 가지고 있다. 반면 공간적 자기상관과 같은 공간패턴이 변화할 수 있다는 단점이 있다.

9. 해상도 변화에 따른 구조특성 측정

1) 서 론

원격탐사와 GIS 기술의 발달로 다양한 공간분석기법들이 개발되어 지역의 특성을 파악하는 데 이용되고 있다. 이때 축척(scale)은 공간분석기법에서 연구자가 고려해야 할 중요한 요인 중의 하나이다. 공간분석에 있어서 축척이 중요한 이유는 공간자료에 축척의존성(scale dependancy)이 존재한다는 점 때문이다. 공간상의 지리현상은 특정한 축척에서 보다 선명하게 관찰된다. 이때의 축척을 현상반영 축척(operational scale)이라 한다. 공간현상을 보다 명확히 설명하기 위해서는 현상반영 축척, 즉 특정한 지리현상을 가장 적절히 표현할 수 있는 공간해상도를 선정하여야 한다. 지금까지 원격탐사 분야에서는 공간 데이타의 구조특성을 파악하여 해상도에 따른 변화를 관찰하고, 이를 이용하여 적정해상도를 모색하는 방법이 이용되어 왔다. 공간 데이타의 구조특성(spatial structure)이란 데이타가 표현하고 있는 지표면의 사상이 얼마나 복잡한가를 표현하는 것이다. 예를 들어 사막이나 바다표면의 데이타와 같이 지표면의 사상이 거의 균일한 공간 데이타는 구조특성이 단순하다라고 할 수 있으며, 도시밀집지역과 같이 이질적인 사상들이 혼재된 공간 데이타는 구조특성이 복잡하다라고 할 수 있다.

이 장에서는 공간 데이터의 해상도 변화에 따른 특성 변화를 측정하기 위한 기법을 살펴보고 실제 위성영상에 적용해 보고자 한다. 위성영상의 해상도를 변화하면서 영상의 구조특성 변화를 측정하기 위한 제반 기법들을 비교 평가하고, 적정해상도 모색을 위한 바람직한 구조특성 분석기법을 탐색한다.

2) 구조특성 측정기법

(1) 국지적 분산(local variance)

　원격탐사 영상의 해상도에 따른 변화를 측정하고 적정해상도를 모색할 수 있는 방안 중의 대표적인 기법이 국지적 분산(local variance)이다. Woodcock와 Strahler(1988)에 의해 개발된 국지적 분산은 3×3의 이동 윈도우(moving window)를 영상자료에 씌운 후, 분산을 계산하는 방법이다.

　원격탐사 영상에 3×3의 윈도우를 씌운 후, 윈도우에 포함되는 9개의 화소를 대상으로 분산을 계산한다. 분산의 계산이 끝나면 윈도우는 옆이나 아래로 이동하면서 다시 윈도우에 포함되는 9개 화소의 분산을 계산한다. 이와 같은 방식으로 영상의 모든 화소에 대하여 윈도우를 이동하면서 각 윈도우마다 분산을 계산한다. 윈도우마다 계산된 분산들은 평균으로 요약되어 전체 영상의 국지적 분산도로 표현되며, 영상의 해상도를 대표하는 지수로 이용된다.

　국지적 분산은 연구대상 지역의 대상물이 일정한 크기를 가지고 있을 때, 대상물을 적절히 표현할 수 있는 해상도를 모색할 경우 적합한 방법이다. 해상도에 따라 국지적 분산의 변화를 관찰하면 해상도에 따른 변이를 파악할 수 있다. 영상의 해상도가 연구자가 분석하고자 하는 대상물보다 작을 경우 화소들을 비슷한 반사도를 가지게 되며, 이는 인접한 화소의 반사도의 변이가 줄어드는 효과를 가져와 국지적 분산의 값이 작아진다. 그러나 영상의 화소가 커질 경우 화소들 간의 변이는 증가하고 이는 국지적 분산이 커지는 결과를 가져온다. 그러나 해상도가 계속 낮아져서 영상의 화소가 분석 대상물보다 클 경우에는 화소의 반사도가 혼합되며, 이는 DN값의 변이가 다시 줄어드는 효과를 가져온다. 따라서 해상도에 따라 대표값을 그래프로 그릴 경우 〈그림 Ⅲ-6〉과 같은 곡선이 형성된다. 곡선의 정점에 해당되는 해상도가 연구자가 분석하고자 하는 적정해상도로 이용될 수 있다.

국지적 분산은 원격탐사 영상의 해상도 특성을 측정하기 위해 구조적인 특성을 측정하는 기법이다. 그러나 이 기법의 가장 큰 문제점은 영상의 전체 분산에 의존한다는 점이다. 따라서 한 영상의 국지적 분산의 측정 결과는 같은 다른 영상의 결과와 비교할 수밖에 없다. 또한 영상의 국지적 분산이 다시 평균으로 요약되기 때문에 영상 내에서 분산의 공간적 분포특성을 파악할 수 없다.

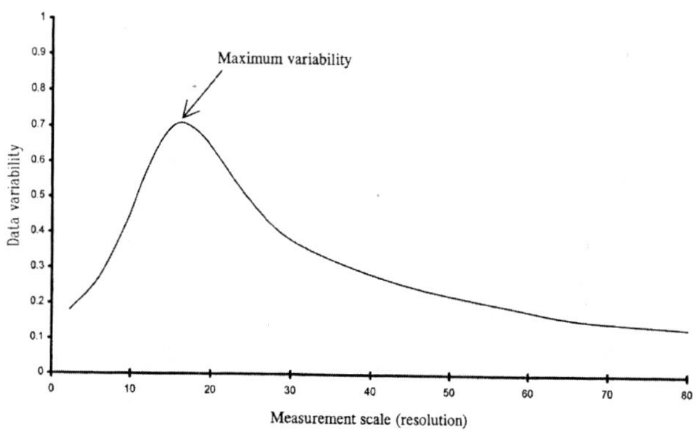

출처: Quattrochi and Goodchild. 1997. 66.

〈그림 Ⅲ-6〉 국지적 분산의 그래프

(2) 프랙탈 차원(fractal dimension)

전통적인 유클리드 기하학에서는 자연의 현상을 정수로 표현하여 왔다. 즉 점은 0차원, 선은 1차원, 면은 2차원으로 표현하였다. 그러나 자연 속에 존재하는 혼돈과 무질서를 표현하기 위해서는 새로운 표현방법을 필요로 하게 되었다. Mandelbrot는 자연속에 존재하는 불규칙한 현상이 실제로는 일정한 규칙을 가지고 반복되는 것으로 파악하고 이를 프랙탈 개념으로 설명하였다. 불규칙한 자연의 특성을 자기닮음성(self similarity)과 무리수 차원(fractional dimensionlity)으로 요약하였다. 자기 닮음성이란 곡선이나 표면이 축소된 축척에서 자신의 복사본으로 이루어져 있다는 성질을 뜻한다. 무리수차원이란 자기 닮음성으로 인해 무질서한 현상을 비유클리드 차원, 즉 정수가 아닌 실수의 형태로 차원을 표현하는 것이다. 이러한 프랙탈의 개념은 원격탐사 영상에 내재되어 있는 공간의존도를 파악하는 데 매우 유용하다. 즉 영상이 얼마만큼 불규칙적으로 형성되어 있는가를 프랙탈 차원을 통하여 표현할 수 있다.

프랙탈 분석은 프랙탈 차원의 측정을 통하여 이루어진다. 유클리드 기하학에서 평면은 2차원으로 정의되며 해상도에 따라 변화하지 않는다. 그러나 실제의 공간패턴은 이보다 복잡하게 분포되어 있다. 프랙탈 차원은 이론적인 차원보다 복잡한 정도를 차원으로 표현한 것이다. 프랙탈 차원을 통하여 해상도에 따른 영상의 특성을 수치로 표현할 수 있다. 프랙탈 차원의 값이 높을수록 복잡한 공간구조를 가지고 있다고 할 수 있다. 따라서 해상도에 따른 프랙탈 차원의 변화를 관찰함으로써 공간구조의 변화를 파악할 수 있다.

원격탐사 영상으로부터 계산되는 프랙탈 차원은 2차원과 3차원 사이의 실수로 표현된다. 즉 전체 영상이 동일한 값으로 구성될 경우 프랙탈 차원은 2가 되며, 완전히 불규칙한 영상일 경우 프랙탈 차원은 3에 가깝게 표현된다. 영상으로부터 계산된 프랙탈 차원의 값이 3에 가까울수록 복잡한 영상이라 할 수 있다. 프랙탈 차원을 구하는 방식은 등치선을 이용한 Isarithm 기법, 베리오그램을 이용한 Variogram 기법, 삼각망을 이용한 Triangular Prism 기법 등이 있다. Cao(1992)는 실험영상을 제작하여 이들 기법을 비교하였다. 그 결과 프랙탈 차원을 계산하는 세 가지 기법 중에서 Isarithm법이 프랙탈 차원이 가장 적절하게 표현되는 방법으로 평가되었다.

Isarithm법은 1980년 Goodchild가 제시한 기법으로 가장 널리 사용되는 프랙탈 차원의 계산방법이다. DEM이나 위성영상과 같은 표면을 형성한 자료는 등치선(isarithm)을 이용하여 프랙탈 차원을 구할 수 있다. 등치선은 수평적으로 평평한 표면과 실제표면과의 교차지점을 선으로 표현한 것이다. 표면으로부터 일정간격으로 등치선을 작성한 후, 각 고도별로 격자의 크기에 따라 길이를 조절하고, 그 결과 작성된 등치선의 길이를 계산한다.

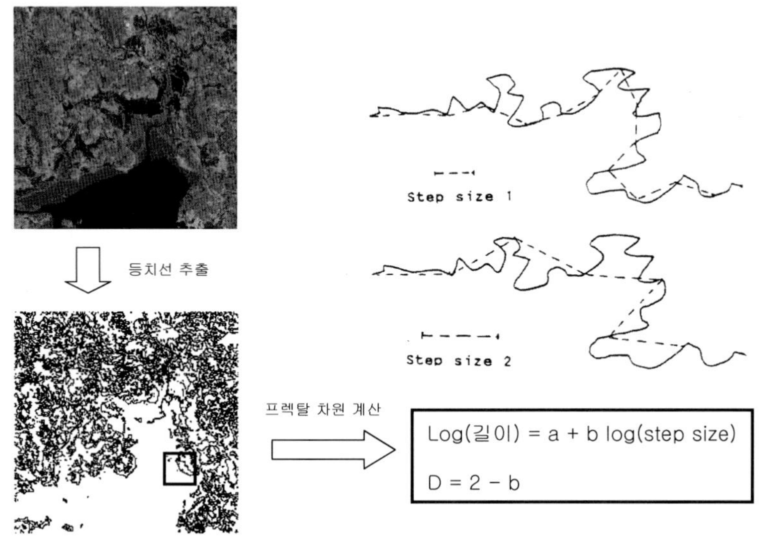

〈그림 Ⅲ-7〉 Isarithm법에 의한 프랙탈 차원 계산

〈그림 Ⅲ-7〉과 같이 영상으로부터 등치선을 작성한 후, 각 등치선을 대상으로 step 크기를 조절하면서 선의 길이를 측정한다. 측정된 등치선의 길이와 step 크기를 로그변환한 후 회귀분석하여 회귀계수(b)와 결정계수(R^2)를 계산한다. 회귀식에서 도출된 회귀계수(b)로부터 프랙탈 차원을 계산한다. 프랙탈 차원은 다음과 같이 계산된다.

D=2−b

이는 영상 표면이 2차원에서 시작되기 때문이다. 결정계수가 0.9보다 크면 해당 등치선의 프랙탈 차원으로 저장한다. 이러한 방법으로 모든 등치선에 대한 프랙탈 차원을 계산하고, 결정계수가 0.9보다 큰 프랙탈 차원의 평균을 계산하여 전체 표면의 프랙탈 차원을 계산한다.

프랙탈 차원을 통하여 해상도에 따른 영상의 특성을 수치로 표현할 수 있다. 프랙탈 차원의 값이 높을수록 복잡한 공간구조를 가지고 있다고 할 수 있다. 따라서 해상도에 따른 프랙탈 차원의 변화를 관찰함으로써 공간구조의 변화를 파악할 수 있다.

(3) 분산영상을 이용한 구조특성 측정기법

원래의 영상은 평균에 의한 압축방법을 통하여 해상도가 변환된 영상으로 변환된다. 평균에 의해 압축된 영상은 해상도 저감에 의한 분포의 차이를 표현할 수는 없다. 원래의 영상이 가지고 있는 분포특성이 해상도 저감과정에서 어떻게 변화하였는가를 파악하기 위해서는 평균 이외에 분산영상이 필요하다. 좋은 해상도의 영상으로부터 낮은 해상도의 영상을 제작할 때 평균과 함께 분산의 영상을 함께 작성한다면, 분산의 영상은 해상도의 저감과정에서 파생되는 원영상과의 차이를 나타내는 영상이라 할 수 있다. 분산은 원래의 자료들이 평균으로 대표될 때, 평균과의 산포도를 표현하는 기법으로 사용된다. 따라서 분산영상은 원래의 영상이 해상도가 저감될 때 변화되는 지역의 분포특성을 나타내는 영상이다.

분산영상은 해상도를 변환할 때 낮은 해상도로 압축되는 원래의 영상들이 통계적으로 밀집 또는 분산되었는가를 나타내는 영상이다. 해상도를 저감할 때 원래의 해상도에서 화소들 간의 이질성이 크면 하위영상의 분산은 커진다. 반대로 화소들이 비슷한 값을 가지고 있으면 하위영상의 분산은 작아진다. 이러한 분산영상은 같은 영상에서도 구역에 따라 변화하는 양상이 다르게 표현된다. 넓고 평활한 지역은 해상도의 저감과정에서 낮은 분산의 값이 기록되며, 좁고 복잡한 지역은 높은 분산의 값이 기록된다.

원격탐사 영상을 대상으로 해상도를 저감했을 때 평균영상과 분산영상이 제작된 예는 〈그림 III-8〉과 같다. 그림에서 왼쪽에 위치한 30m 해상도의 원래 영상이 평균으로 합쳐지면서 오른쪽 상단부에 위치한 60m 해상도의 영상으로 변환된다. 또한 원래의 영상으로부터 해상도의 저감에 따라 제작된 분산영상은 오른쪽 하단부의 영상과 같이 표현된다. 평균영상은 원래의 해상도의 영상의 공간구조(spatial structure)를 표현하고 있으며, 분산영상은 해상도의 저감과정에서 원래의 영상과 평균영상과의 차이를 표현하고 있다. 이는 웨이브렛 다해상도 분해의 원리와 유사하다. 그림과 같이 분산영상은 원래의 영상에서 복잡하게 표현되었던 구역들이 밝은 값으로 표현된다. 이는 원래의 해상도의 영상에서 복잡하게 표현된 구역들이 해상도의 저감에 따라 다른 구역에 비하여 영상의 특성 변화가 크게 일어나기 때문이다. 따라서 분산영상의 분포특성을 분석함으로써 해상도의 저감에 따른 영상의 특성 변화를 파악할 수 있다.

분산영상의 원리는 기본적으로 국지적 분산과 비슷하다. 그러나 국지적 분산은 해상도에 따라 저감된 영상 자체에 일정크기의 윈도우를 씌우고 분산을 측정하지만, 분산영상은 해상도의 저감과정에서 평균영상과 함께 제작되기 때문에 처리시간과 효율성 면에서 더욱 효과적이다. 또한 국지적 분산은 각 윈도우마다 계산된 분산값들이 다시 평균이라는 대표값으로 요약되지만, 분산영상은 이미지의 형태를 가지고 있어 다양한 공간분포 분석이 가능하다.

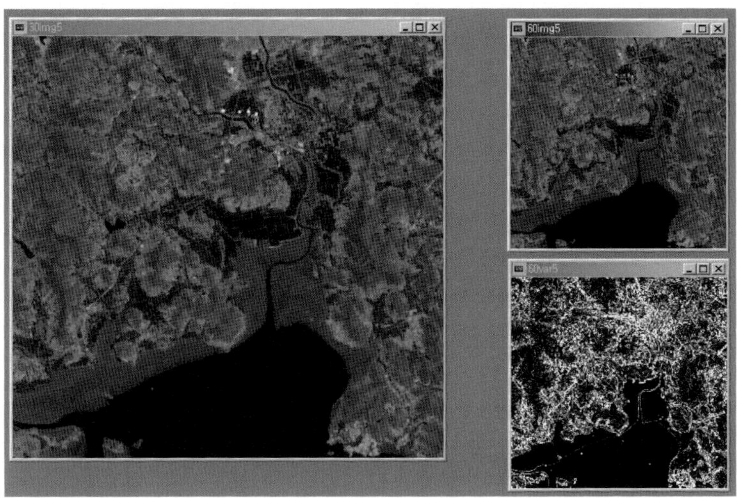

〈그림 Ⅲ-8〉 평균영상과 분산영상 제작의 예

　분산영상은 해상도의 저감에 따라 영상이 변화한 정도를 담고 있다. 분산영상의 값이 크면 변화한 정도가 큰 것이며, 분산영상의 값이 작으면 변화정도는 작다. 이러한 변화정도는 영상 내의 지역에 따라 다른 경향을 나타낸다. 영상 내에서 해상도의 저감에 따라 변화가 큰 지역이 현저히 드러나는 경우 이 지역은 다른 지역에 비하여 분산영상의 값이 크다. 따라서 분산영상은 집중되어 있는 형태로 나타난다. 그러나 전반적으로 균등한 변화가 나타날 경우 분산영상은 분산되어 있는 형태로 나타난다. 분산영상이 공간적으로 집중되어 있다는 것은 원래의 영상으로부터 공간적 특성이 변화하였다는 것을 의미한다. 해상도 저감에 따라 영상 내의 지역들이 가지고 있는 특성들이 서로 다른 양상으로 변화하기 때문이다. 이와 같이 분산영상의 공간적 분포분석 과정을 통하여 해상도의 변화에 따른 영상의 변화정도를 측정할 수 있다.

　2차원의 정규격자 모형에서 자료의 공간적 분포패턴을 분석하기 위해 공간적 자기상관을 이용한 분석이 널리 이용되고 있다. 공간적 자기상관의 의미는 자료의 특성이 공간적인 패턴에 따라 달라진다는 것이다. 공간적 자기상관은 공간적 분포패턴과 관련이 깊기 때문에 이를 이용하여 공간적 분포패턴을 설명하려는 연구가 진행되어 왔다. 공간적 자기상관에는 정(+)의 자기상관과 부(-)의 자기상관이 있다. 정의 자기상관은 공간적으로 거리가 가까울수록 자료 간의 상관관계가 높아진다는 것을 의미하며, 지리학에서 주된 관심의 대상이다. 공간적으로 인접되어 있는 자료는 정의 자기상관이 발생한다. 정의 자기상관이 높은 자료의 경우 공간적으로 집중되는 패턴을 보인다고 할 수 있다.

공간적 자기상관을 측정하는 대표적인 지수로는 Moran's I와 Geary's C 등이 있다. 분산영상과 같이 연속적인 변수를 가지고 있는 자료의 경우 Moran의 제2측도를 이용한 자기상관 측정이 많이 이용된다. 공간적 자기상관 측정을 위해서는 인접한 화소를 정의하고 인접한 화소 간의 차이가 임의적인 것인가 어떤 법칙에 의한 것인가를 Moran 지수의 계산결과를 통하여 검정한다. 인접한 화소는 4방향, 혹은 8방향으로 정의하는데 여기서는 8방향을 인접화소로 정의하였다. 8방향으로 인접한 화소를 정의할 때 Moran의 제2측도는 다음과 같이 구할 수 있다.

$$I = \left(\frac{n}{2A}\right) \frac{\sum_{i=1}^{n}\sum_{j=1}^{n} \delta_{ij} Z_i Z_j}{\sum_{i=1}^{n} Z_i^2}$$

여기서 $Z_i = X_i - \overline{X}$이며, n은 영상의 화소수, A는 인접하는 화소의 개수이다. 그리고 δ_{ij}는 인접여부를 표현하는 변수로, i 화소와 j 화소가 인접할 경우는 1이며, 그렇지 않을 경우 0의 값을 가진다.

일반적으로 정의 자기상관이 존재할 경우 Moran의 I 값은 -1/(n-1)보다 크며, 부의 자기상관이 존재하면 I는 -(1/n-1)보다 작다. Moran's I 값이 클 경우 공간적 자기상관이 있다는 것을 의미한다. 이는 분산영상의 공간적인 분포가 상대적으로 집중되어 있다는 것을 의미하게 된다.

3) 다중 해상도 위성영상의 작성

(1) 대상지역과 자료

영상의 구조특성을 측정할 대상지역으로 전남 순천만의 해안습지를 선정하였다. 순천만은 도시역, 경지, 삼림 등의 육상 경관과 함께 하천, 염생습지, 갯벌 등 해안습지의 특성을 가지고 있기 때문에 해상도에 따른 토지유형 변화의 추적에 적합한 지역이다. 순천만 하구부분에는 폭 120m 정도의 넓은 염생습지가 분포하고 있으며, 만의 외곽 방향에는 염생습지의 규모가 줄어들어 작게는 150m^{2}에서 크게는 15,000m^{2}까지의 면적을 가지고 다양하게 분포하고 있다. 수차례의 현지조사와 항공사진 분석결과 이들은 독립적인 군락으로 형성되면서 군락에는 일정한 간격을 두고 군집되어 분포하고 있는 특징을 가지고 있다. 군락 간에는 약 10m에서 150m의 간격을 두고 군집하여 분포하고 있다. 전체 군집은 지름이 약 220m에서 280m의 크기를 가지고 있다. 따라서 순천만의 염생습지를 개별적으로 파악하기 위해서는 염생습지 군락을 모두 구별할 수 있도록 최소 1m 이상의 고해상도 영상이 필요하다. 염생습지의 개별적인 군락보다는 순천만에서 염생습지의 분포패턴을 파악하고 그 특성을 파악하기 위해서는 염생습지의 군집을 파악하는 것이 오히려 명확하다. 군집의 크기보다 작은 해상도의 영상을 이용할 경우 염생습지와 갯벌과의 혼합화소만 생기게 되어 분류정확도가 낮아질 소지가 있다. 이러한 경우 염생습지 군집과 비슷한 크기의 저해상도에서 염생습지를 파악할 경우 더욱 우수한 결과를 얻을 수 있다. 영상의 해상도를 저감하면서 나타나는 여러 가지 특성을 파악하고 그 변화를 분석하는 과정을 통하여 현상반영 축척을 탐색할 수 있다.

순천만 지역의 영상처리를 위하여 LANDSAT TM 영상을 사용하였다. LANDSAT 위성은 미국의 항공우주국(NASA)에서 자원관리와 지도화를 위하여 운영하고 있는 시스템이다. LANDSAT TM 자료의 한 영상은 남북 170km, 동서 185 km의 지상면적을 5965×6920 크기의 래스터 자료형태로 기록하고 있다. 순천만 지역의 영상은 path 115, row 36에 해당된다. 이 장에서는 1991년 3월 5일 촬영한 순천만 지역의 LANDSAT TM 영상을 대상으로 기하보정과 같은 전처리 작업을 거친 후 구조특성 측정기법을 적용하였다.

(2) 위성영상의 해상도 변화

순천만 지역의 영상을 대상으로 평균에 의한 해상도 변환 방법을 이용하여 30m 해상도의 영상을 변환하여 480m의 해상도까지 30m 간격으로 모두 16가지 해상도의 영상으로 작성하였다. Visual Basic 프로그램을 이용하여 영상의 해상도를 변환하는 프로그램을 작성하고 이를 실행하였다. 영상의 해상도를 변환할 때 원래의 영상으로부터 화소의 값들을 읽은 뒤, 이들의 평균과 분산을 구하고, 그 결과를 파일로 저장하였다. 프로그램의 수행결과 원래 30m의 해상도에서 512행×512열이던 영상의 크기가 480m 해상도에서는 32행×32열의 영상으로 축소되었다.

해상도의 변화에 따른 영상의 크기와 파일크기는 〈표 Ⅲ-1〉과 같다. 표에서 영상의 크기는 정방형의 영상에서 한 변의 화소수를 나타낸다. 즉 30m 해상도에서 영상크기가 512이면, 512행×512 열의 크기를 가진 영상을 뜻한다. 표에서 파일의 크기는 LANDSAT TM의 7개 밴드를 모두 포함한 크기를 Kilo Byte 단위로 표현하였다. 표에서와 같이 해상도가 낮아짐에 따라 영상의 크기는 급격히 감소한다. 그러나 일정 해상도 이후에는 영상 크기의 감소추세가 점차 줄어들고 있다.

〈표 Ⅲ-1〉 해상도별 영상의 크기

해상도 (m)	30	60	90	120	150	180	210	240	270	300	330	360	390	420	450	480
영상크기 (화소수)	512	256	171	128	103	86	74	64	57	52	47	43	40	37	35	32
화일크기 (Kbyte)	1,835	458	204	114	74	51	38	28	22	18	15	12	11	9	8	7

해상도에 따른 연구지역의 영상은 〈그림 Ⅲ-9〉에서 〈그림 Ⅲ-11〉과 같다. 그림은 16가지 해상도의 영상을 4번 밴드와 3번 밴드, 2번 밴드를 조합하여 false color로 표현한 것이다. 그림과 같이 해상도가 낮아지면서 영상이 평활화되어 점차 상세함이 사라진다. 16가지 해상도로 제작된 영상들은 여러 가지 영상특성 측정기법을 이용하여 비교, 분석된다. 또한 이들 영상을 대상으로 속성정보를 분류하고 그 정확도를 평가하여, 해상도에 따른 영상의 특성을 살펴보고자 한다.

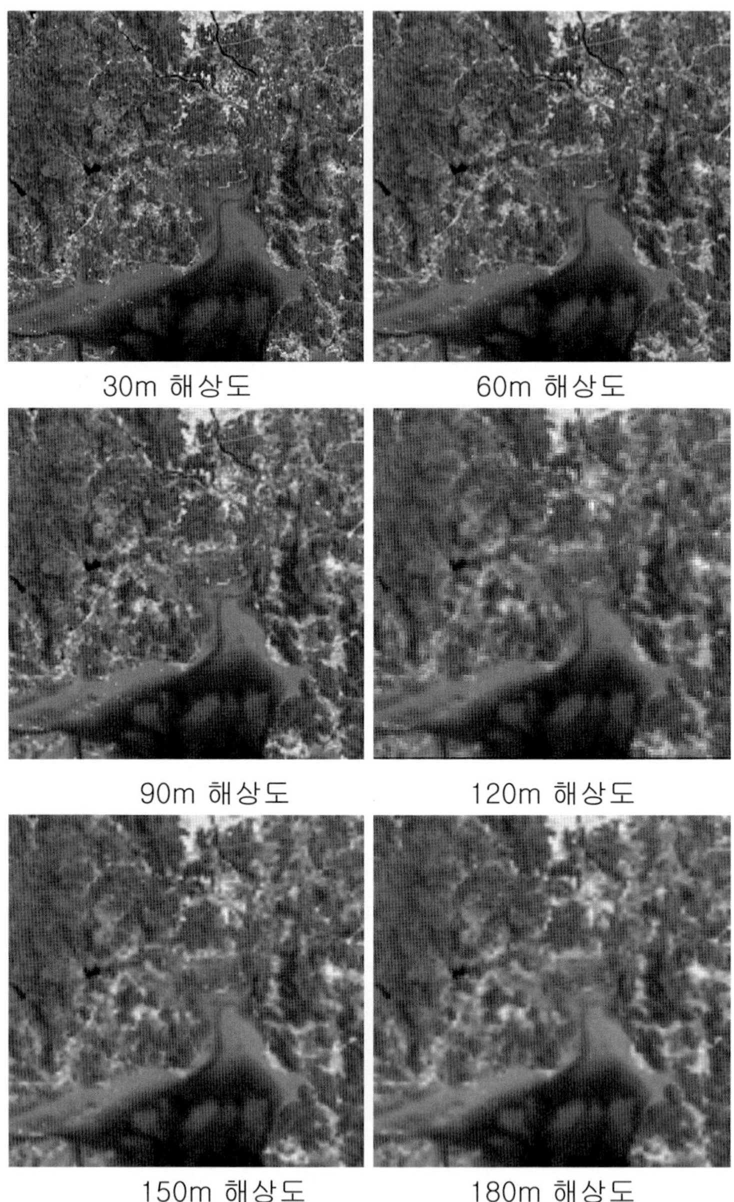

〈그림 Ⅲ-9〉 30m에서 180m 해상도의 영상

〈그림 Ⅲ-10〉 210m에서 360m 해상도의 영상

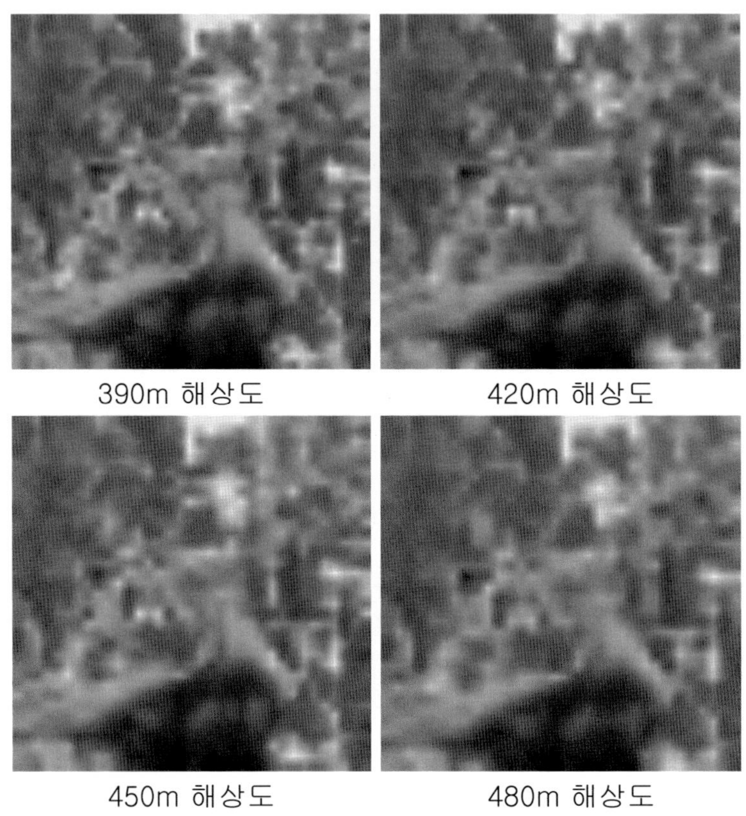

390m 해상도   420m 해상도

450m 해상도   480m 해상도

〈그림 Ⅲ-11〉 390m에서 480m 해상도의 영상

4) 위성영상 구조특성 측정기법의 적용과 평가

(1) 기초통계량 변화

영상의 전반적인 특성의 변화를 살펴보기 위하여 해상도별 영상의 기초통계량을 계산하였다. 영상의 해상도가 변화하면서 영상의 기초적인 통계정보인 평균, 분산, 최대, 최소값의 변화를 살펴봄으로써 이들의 어떠한 특성으로 변화하는가를 파악하고자 하였다. 공간해상도가 상이한 6번 밴드를 제외한 나머지 6개 밴드를 대상으로 60m에서 480m까지 해상도를 변화한 후 해상도에 따른 통계적 변화를 살펴보았다. 평균, 분산, 최대, 최소, 왜도, 첨도 등 기초통계량을 적용하여 영상의 특성을 모색하였다. 〈그림 Ⅲ-12〉는 각 밴드별로 평균과 분산, 최대와 최소값의 해상도에 따른 변화를 표현한 그래프이다.

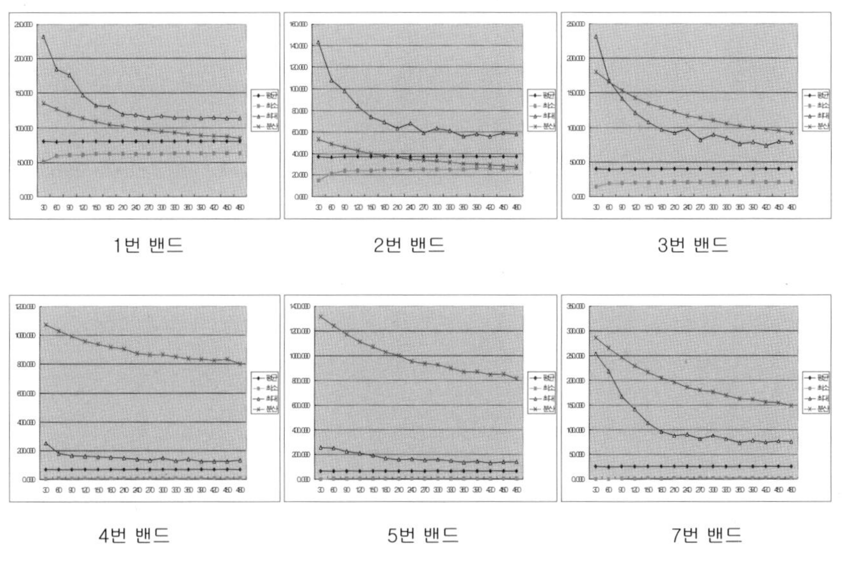

1번 밴드 2번 밴드 3번 밴드

4번 밴드 5번 밴드 7번 밴드

〈그림 Ⅲ-12〉 밴드별 기초통계량의 변화

평균의 경우 모든 밴드에서 변화가 거의 없었다. 해상도의 저감과정에서 평균에 의한 압축방법을 사용하였기 때문에 평균의 변화는 일어나지 않았다고 판단된다. 분산은 해상도의 변화에 따라 점차 낮아지는 경향을 보이고 있다. 특히 3, 4, 5, 7 밴드의 경우 해상도에 따라 큰 폭으로 감소하고 있다. 최소값의 경우 1번 밴드와 2번 밴드에서 90m 해상도까지만 상승하다가 그 이후의 해상도에서는 변화가 거의 일어나지 않았다. 특히 3, 4, 5, 7번 밴드의 경우 거의 변화가 일어나지 않았다. 그러나 최대값의 경우 해상도에 따른 변화가 매우 심하게 나타났다. 모든 밴드에서 일정 해상도까지 급격히 감소하다가 일정 해상도 이후에는 변화하지 않는 특성을 가지고 있다. 최대값의 감소추세가 변화하는 해상도는 밴드별로 약간씩 차이가 있다. 1번과 7번 밴드에서는 150m, 2번과 3번, 5번 밴드에서는 210m, 4번 밴드에서는 90m의 해상도에서 최대값의 감소추세가 변화하였다. 이것은 원래 영상이 가지고 있는 빈도분포가 종형의 정규분포가 아니라 평균에서 적은 값 방향으로 왜곡된 분포를 가지고 있기 때문이다. 해상도의 저감에 따라 평균에 의한 압축이 일어나고, 이는 왜곡된 분포를 가진 영상을 평균 중심의 분포로 변화시키기 때문이다. 따라서 영상에서 최대값의 변화추세는 해상도에 따른 변화를 파악할 수 있는 하나의 단서로 생각할 수 있다. 최대값이 변화하는 해상도인 90m, 150m, 210m 해상도는 영상의 특성이 변화할 수 있는 해상도라 할 수 있다.

영상의 기초통계량을 살펴본 결과 평균과 분산 등 기초통계량은 해상도에 따른 뚜렷한 변화를 찾을 수 없었고, 최대값과 첨도의 경우 해상도의 저감에 따른 특성을 발견할 수 있었다.

(2) 국지적 분산

국지적 분산 측정기법을 순천만 지역의 영상에 적용한 결과, 〈그림 Ⅲ-13〉과 같은 해상도에 따른 변화를 볼 수 있었다.

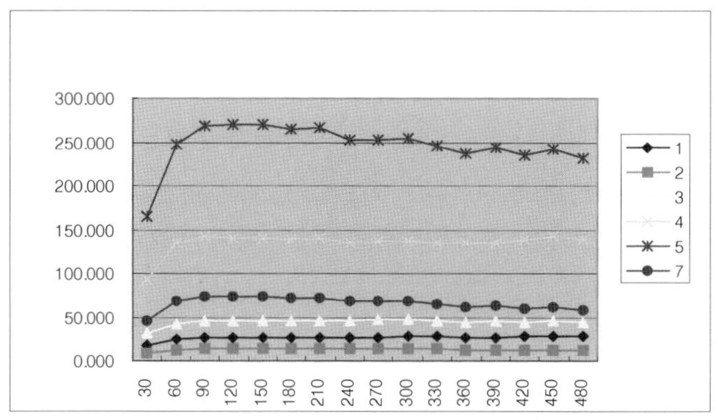

〈그림 Ⅲ-13〉 해상도별 국지적 분산 변화

　모든 밴드에서 90m 해상도까지는 국지적 분산이 급격한 증가를 보이다가 그 이후에는 완만한 변화를 보이고 있다. 국지적 분산이 최대값을 가지는 해상도는 밴드마다 약간씩 다르다. 1번 밴드에서는 330m, 2번 밴드에서는 270m, 3번 밴드에서는 300m, 4번 밴드에서는 420m, 5번과 7번 밴드에서는 120m에서 각각 곡선의 정점이 측정되었다. 국지적 분산은 이론적으로 적정해상도를 모색할 수 있는 방법이지만 실제 지역에 적용한 결과 밴드에 따라 상이한 결과가 나타났다.

　순천만 지역의 영상에 국지적 분산을 적용한 결과 국지적 분산은 해상도에 따른 측정값의 변화가 뚜렷이 나타나지는 않는다. 밴드에 따라 약간씩 차이가 있으며, 이론과 같이 곡선의 형태도 나타나지 않았다. 그러나 90m 해상도까지 국지적 분산이 급격한 증가 추세를 보인 경향은 모든 밴드에서 동일하게 나타났다. 따라서 순천만 지역의 영상은 원래의 30m 해상도보다는 낮은 해상도에서 영상의 특성이 잘 나타나고 있다고 할 수 있다.

　국지적 분산은 특정한 대상물의 분석에 적합한 해상도를 모색하는 기법으로 대상물의 크기를 반영할 수 있는 해상도를 모색하는 기법이다.

일반적으로 도시지역의 건물이나 일정한 크기의 토지유형 영상을 분석할 경우 바람직한 해상도를 모색할 수 있다. 그러나 순천만 영상에 국지적 분산을 적용한 결과 다음의 측면에서 해상도 특성을 측정하는 지표로 적당하지 않다는 점을 찾을 수 있었다. 첫째, 순천만의 연구지역과 같이 다양한 토지피복이 혼재한 영상의 경우 대상물의 크기가 각자 다르기 때문에 국지적 분산의 결과가 명확하게 나타나지 않는다. 지표면의 대상물이 크기가 일정할 경우 해상도를 변화하면서 국지적 분산의 변화를 분석하여 대상물을 가장 잘 표현할 수 있는 해상도를 찾을 수 있다. 그러나 순천만의 연구지역과 같이 삼림, 도시, 염생습지, 해수 등이 혼재한 영상의 경우 대상물의 크기가 각자 다르기 때문에 국지적 분산의 결과가 명확하게 나타나지 않은 것으로 해석된다. 둘째, 국지적 분산은 분산의 지역적 차이를 평균으로 요약하였기 때문에 분산의 지역적 분포특성을 반영하지 않는다. 해상도의 변화에 따라 영상의 일부지역만 특성이 변화할 수 있다. 그러나 국지적 분산은 각 윈도우마다 계산된 분산을 다시 평균으로 요약하기 때문에 이러한 변화를 반영할 수 없다. 따라서 이 기법은 지표면의 정보가 일정한 영상의 경우 효과적인 해상도 특성 측정기법이지만, 지표면의 정보가 순천만 해안습지와 같이 복잡할 경우 영상의 특성을 반영하지는 못한다.

(3) 프랙탈 차원

순천만 지역의 영상을 대상으로 해상도 저감에 따른 프랙탈 차원의 변화는 〈그림 Ⅲ-14〉와 같다.

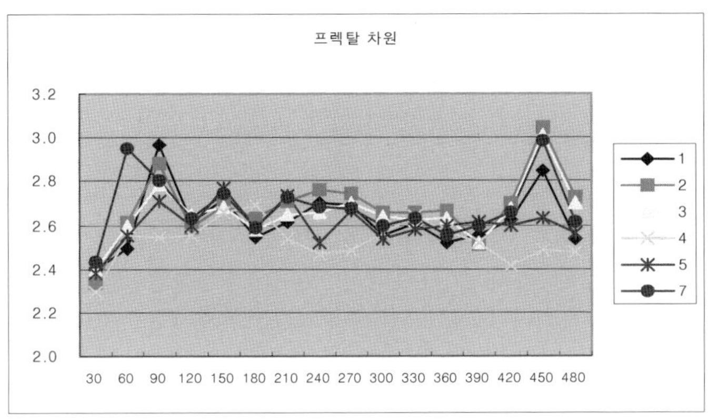

〈그림 Ⅲ-14〉 해상도별 프랙탈 차원 변화

　프랙탈 차원은 국지적 분산보다 해상도에 따른 변화가 심하게 나타났
다. 대부분 90m 해상도까지는 급한 상승을 보이고 있으나 이후는 밴드
에 따라 약간씩 변화정도의 차이를 보이고 있다. 1번과 2번, 3번 밴드의
경우 90m 해상도에서 프랙탈 차원이 급격히 증가하다가 이후 감소되면
서 완만한 변화를 보이고 있다 그러나 4번 밴드의 경우 변화의 양상이
다르게 나타난다. 60m 해상도까지 갑작스런 증가를 보인 후, 변화가 없
다가 150m와 180m 해상도에서 다시 프랙탈 차원이 높게 나타난다. 이후
의 해상도에서는 감소추세를 보이다 다시 증가하여 330m 해상도에서 정
점이 나타난 후 감소추세를 보인다. 5번 밴드에서는 더욱 다른 경향을
보이고 있다. 90m 해상도까지 급격한 증가를 보인 후, 150m, 210m,
270m 해상도까지 증가와 감소가 반복되는 양상을 보이다가 330m 해상
도 이후부터는 프랙탈 차원의 변화가 완만하게 나타난다. 7번 밴드는 1,
2, 3번 밴드와 유사하지만 60m 해상도에서 급격한 프랙탈 차원의 증가
가 나타난다.

　프랙탈 차원은 영상의 복잡성을 측정하는 유용한 방법이지만 실제의
영상을 적용한 결과 해상도에 따른 영상의 뚜렷한 변화를 측정할 수는

없었다. 90m 해상도까지는 프랙탈 차원의 증가가 뚜렷이 나타나지만 그 이후의 해상도에서는 밴드에 따라 변화양상이 다르게 나타나고 있다.

프랙탈 차원은 영상의 복잡한 정도를 하나의 수치로 표현한 것으로 영상 내의 지역별 차이는 반영하지 않는다. 즉 영상 내에서 복잡한 지역과 단순한 지역들이 하나의 프랙탈 차원으로 대표되기 때문에 해상도에 따른 영상의 부분적 변화는 반영하지 않는다. 순천만 지역의 경우 다양한 토지유형이 존재하고 있지만 프랙탈 차원은 영상의 복잡한 정도를 하나의 지수로만 표현하였기 때문에 해상도에 따른 뚜렷한 변화를 파악할 수 없었다. 프랙탈 차원은 영상 전체의 복잡도를 나타내는 지수이다. 해상도에 따라 일부구역만이 특성이 변화하였을 경우 이를 명확하게 표현하지 못하고 있다. 순천만 해안습지와 같이 다양한 토지유형이 존재하는 영상의 경우, 영상의 전반적인 변화보다는 특정 구역에서 해상도에 따른 변화가 나타난다. 따라서 해상도의 변화에 영상의 특성을 파악하기 위해서는 특성이 변화하는 구역들의 변화가 반영되어야 한다. 즉 해상도의 저감에 따라 특성이 변화하는 구역의 공간적 분포를 반영할 수 있는 기법이 필요하다.

(4) 분산영상을 이용한 구조특성 측정

해상도의 변환과정에서 발생한 분산영상을 대상으로 해상도에 따른 Moran's I 값의 변화를 파악하였다. 각 밴드별로 분산영상의 Moran's I 지수의 변화는 〈그림 Ⅲ-15〉와 같다. 분산영상의 공간적 분포패턴의 변화에 따라 Moran's I 지수는 다르게 변화하고 있다. 특히 Moran's I 값의 변화가 심하게 일어나는 해상도는 해상도의 변화에 따른 구조특성의 변화가 심하게 나타나는 지점이라고 할 수 있다.

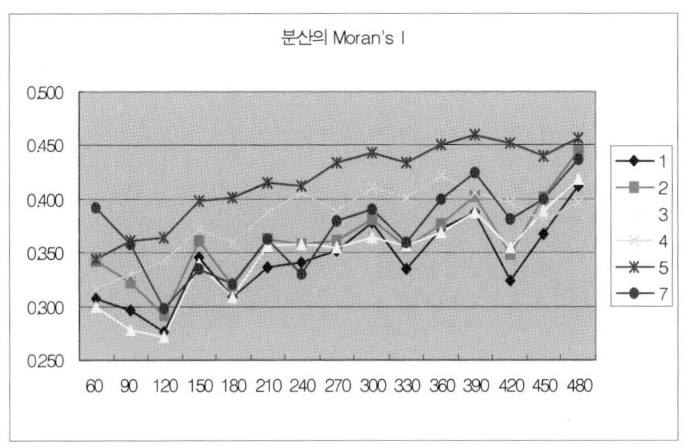

〈그림 Ⅲ-15〉 밴드별 분산의 자기상관도 변화

그림에서 다음과 같은 특징을 발견할 수 있다. 첫째, 4번과 5번 밴드를 제외한 나머지 밴드에서는 대체로 비슷한 변화양상을 보이고 있다. 이들 밴드에서는 점차 Moran's I 지수가 낮아지다가 120m 해상도를 정점으로 150m에서는 다시 증가하는 경향을 보인다. 이후 300m 해상도와 390m 해상도에서 다시 정점이 나타나며 증가와 감소를 반복하고 있다. Moran's I 지수가 커졌다는 것은 분산의 공간적 분포가 일부 지역에 군집되었다는 것을 의미하며, 이는 해상도의 변화과정에서 일부지역의 변화가 크게 나타남을 의미한다. 따라서 Moran's I 지수가 증가하다가 감소하는 정점에서는 분산 분포의 추세가 변화하는 해상도로 파악될 수 있다. 순천만 지역의 경우 이에 해당되는 해상도는 150m, 300m, 390m이다. 둘째로, 4번과 5번 밴드는 다른 양상을 보이고 있다. 전반적으로 Moran 지수가 상승하면서 약간의 변화만을 보이고 있다. 이들 밴드는 영상의 분포에서도 다른 양상을 가지고 있었다. 그러나 변화의 정점을 보이는 해상도는 다른 영상과 마찬가지로 150m, 300m, 390m이다.

영상의 다중밴드에서 나타난 변화를 하나의 지수로 표현하기 위하여 밴드별 Moran's I 값을 평균으로 요약하고 해상도에 따른 변화를 살펴보았다. 밴드의 공간적 자기상관도를 평균하여 그래프로 표현한 결과는 〈그림 Ⅲ-16〉과 같다.

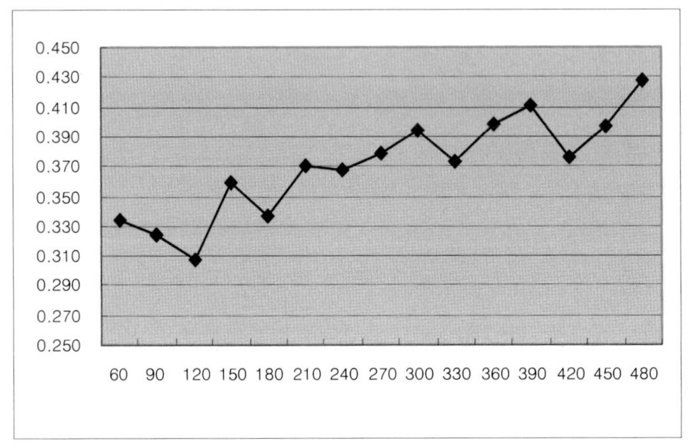

〈그림 Ⅲ-16〉 Moran's I의 밴드평균 변화

그림에서와 같이 해상도에 따라 공간적 자기상관도가 변화하면서 150m, 300m, 390m의 해상도에서 지수의 정점이 나타나고 있다. 이들 해상도는 분산영상의 공간적 분포패턴의 변화가 나타나는 시점이라고 할 수 있다. 분산영상의 공간적 자기상관도 증가는 영상 내의 일부분에서 공간적인 변화가 발생하였다는 것을 의미한다. 즉 해상도의 변화에 따라 영상의 공간적인 분포가 변화하였다는 것으로 해석된다. 순천만 지역의 영상에서 정점을 나타내고 있는 150m 해상도와 300m 해상도는 이전의 해상도인 120m 해상도와 270m 해상도에서 해상도를 변화할 때 영상의 공간적인 변화가 발생하였다고 볼 수 있다. 이들 해상도는 해상도의 변화에 따라 영상의 구조특성이 변화하는 지점(scale of action)이라고 해석할 수 있다. 순천만 해안습지는 염생습지의 폭이 최대 120m 정도를 가지고 있으며, 군집의 폭은 최대 280m이다. 영상에서는 염생습지의 최대 크기인 120m 해상도까지는 염생습지를 포함한 순천만의 특성을 표현할 수 있으나, 그보다 낮은 해상도에서는 영상의 특성이 변화하여 표현이 어렵다. 낮은 해상도에서는 염생습지가 군집으로 표현되다가 군집의 크기보다 큰 300m 해상도에서는 다시 그 특성을 표현할 수 없다. 이러한 순천만 지역의 특성이 분산영상의 공간적 자기상관도의 변화에 나타난다고 할 수 있다.

분산영상의 공간적 자기상관도는 선행의 해상도 특성 측정지수에 비하여 해상도에 따른 영상의 변화를 표현하고 있다. 분산영상의 공간적 자기상관도는 영상의 해상도의 변화에 따른 공간적인 분포변화를 파악할 수 있는 지수로 해석된다.

10. 해상도에 따른 위성영상의 속성정보 변화

원격탐사 영상에서 연구자가 필요로 하는 속성을 파악하고 분류하기 위해서는 분류과정을 통하여 반사도로 구성되어 있는 영상을 속성정보로 구성된 공간 자료로 변환하여야 한다. 대상지역에 대한 정확한 속성 파악을 위해서는 훈련 지역의 선정과 분류과정이 엄격히 수행되어야 한다. 이 장에서는 해상도에 따른 속성정보의 변화를 관찰하기 위하여 현지조사와 2차 자료를 이용하여 훈련지역을 설정하고, 훈련지역에 대한 영상의 특성을 파악한 후, 분류과정을 거친 속성지도를 해상도별로 비교해보도록 한다.

1) 훈련지역 분광특성의 측정방법

영상의 분류과정에는 연구자가 연구지역의 특성을 분석하고 이를 영상에 표현하는 훈련지역(training site) 선정과정이 선행되어야 한다. 훈련지역은 감독분류의 경우 영상분류의 기초통계를 제공할 수 있으며, 무감독분류의 경우 군집분류된 영상의 속성을 부여하는 역할을 한다. 따라서 훈련지역을 설정할 때 연구지역에 대한 면밀한 분석과 영상에 대한 폭넓은 이해가 선행되어야 한다.

원격탐사영상으로부터 속성정보를 파악하기 위해서는 훈련지역을 선정하고 이를 기반으로 토지유형을 분류한 후 그 정확도를 평가하는 단계를 거친다. 이때 훈련지역의 통계적 특성을 분석하면 토지유형의 분류결과를 어느 정도 예측할 수 있다. 감독분류의 경우 훈련지역의 통계적 특성을 이용하여 토지유형을 분류하기 때문이다. 따라서 〈그림 Ⅲ-17〉과 같이 원격탐사 영상으로부터 속성정보를 파악하는 과정에서 훈련지역의 통계적 특성을 파악함으로써 해상도에 따른 속성정보의 변화를 파악할 수 있다. 훈련지역의 분광분리도는 영상으로부터 표본추출된 훈련지역이 영상의 밴드별로 분리될 수 있는 정도를 지수로 표현한 것이다. 대표적인 분광분리도로는 Divergence, Jeffries-Matusita 거리(J-M 거리), Mahalanobis 거리 등이 있다. 따라서 훈련지역의 통계적 특성을 측정하는 기법으로 분광분리도를 이용하면 영상으로부터 파악되는 속성정보의 해상도에 따른 특성을 파악할 수 있다.

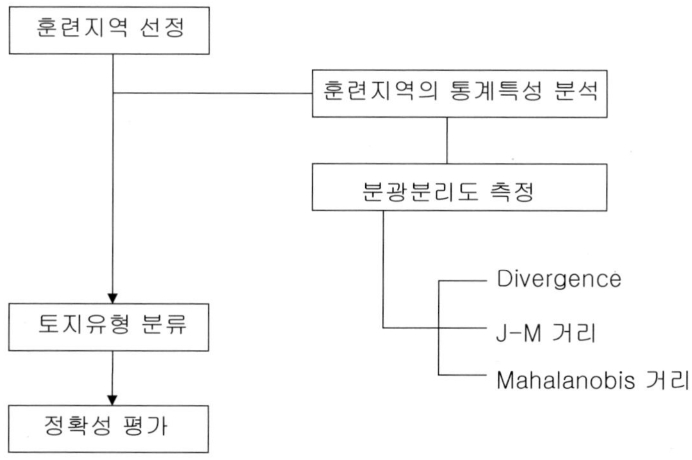

〈그림 Ⅲ-17〉 원격탐사 영상의 속성 파악 과정과 분광분리도

분광분리도는 훈련지역의 통계량을 이용하여 영상의 분류계급들이 중복되는가 분리되는가를 나타내는 정도를 나타낸다. 분광분리도에 관한 연구는 다중밴드의 영상 중에서 분류에 필요한 밴드만을 선정하기 위하여 진행되었다. 분류계급의 중복이 많은 밴드의 조합은 처리시간과 비용이 많이 소요될 뿐만 아니라 밴드 간의 중복되는 상관관계로 말미암아 분류의 정확도를 저해할 위험이 있기 때문이다. 많은 수의 분광밴드를

가지고 있는 영상에서 명확하게 속성을 분류하기 위해서 분광분리도를 계산하고 이를 이용하여 영상을 분류하는 기법들이 개발되어 왔다. Swain과 Davis(1978)는 Divergence와 J-M 거리를 이용하여 분광분리도를 측정하는 방법을 제안하였다. Jensen(1979)는 컴퓨터 그래픽으로 분광분리도를 표현하는 방법을 제안하였고, Zhenkui(1989)는 분광밴드의 중복정도를 측정하는 기법으로 BVOI를 제안하였다. 어양담(1999)은 다변량 조건부 확률을 이용한 분광분리도 측정기법을 개발하였다. 이들의 연구는 영상의 효과적인 분류에 필요한 분광밴드를 선정하기 위하여 분광분리도 기법을 개발하였다.

분광분리도는 주어진 밴드와 계급의 조합에서 훈련지역으로 선정된 영상의 분류정도를 파악하는 것으로 이를 이용하면 영상의 분류정확도를 예측할 수 있다. 어양담(1999)에 의하면 분광분리도의 측정결과와 분류정확도 간에 상당한 상관관계가 있음을 밝히고 있다. 따라서 분광분리도를 측정함으로써 해상도의 변화에 따른 영상의 분류정확도를 예측할 수 있다. 분광분리도는 영상의 분류과정을 모두 수행하지 않더라도, 훈련지역의 통계적 특성만으로 속성의 파악에 적합한 적정해상도를 모색하는 데 이용될 수 있다.

(1) Divergence

Divergence는 원격탐사 자료의 처리에 이용되는 최초의 통계적 분리도 측정기법 중의 하나이며, 널리 사용되고 있다. Divergence는 감독분류의 훈련지역 선정과정에서 수집되는 계급통계의 평균과 공분산 행렬을 이용하여 계산된다. 두 가지 계급 c와 d 간의 통계적 차이가 있다면, c와 d 간 분리도는 다음의 식에 따라 계산된다.

$$Diver_{cd} = \frac{1}{2} tr[(V_c - V_d)(V_d^{-1} - V_c^{-1})] + \frac{1}{2} tr[(V_c^{-1} + V_d^{-1})(M_c - M_d)^T]$$

여기서 tr[*]는 행렬의 trace 즉, 대각선의 합이다. V_c와 V_d는 c와 d 계급의 밴드 간 공분산 행렬이고, M_c와 M_d는 계급의 평균 벡터이다. 공분산 행렬 V_c와 V_d의 크기는 훈련 과정에서 사용된 밴드의 수에 의하여 결정된다. 즉 6개 밴드가 사용되었으면, V_c와 V_d는 6×6 차원의 행렬이다. 이 경우 Divergence는 훈련자료의 6가지 밴드를 이용하여 두 개의 계급 간의 통계적 분리도를 파악할 때 이용된다. 그러나 Divergence는 분류계급 간의 거리가 멀어질수록 급격히 증가하는 경향이 있어 일반화하기 어렵다는 단점을 가지고 있다.

(2) J-M Distance

Jeffries-Matusita 거리는 Divergence를 변형한 Bhattacharyya 거리를 다음과 같이 지수변환하여 계산되는 거리이다.

$$JM_{cd} = \sqrt{2(1 - e^{-Bhat_{cd}})}$$

여기서, Bhattacharyya 거리의 계산법은 다음과 같다.

$$Bhat = \frac{1}{8}(M_c - M_d)^T \frac{(V_c + V_d)}{2}(M_c - M_d) +$$

$$\frac{1}{2}\log_e \frac{det\frac{V_c + V_d}{2}}{\sqrt{det(V_c)}\sqrt{det(V_d)}}$$

J-M 거리는 다변량의 분류계급으로부터 분광분리도를 계산할 때 Divergence보다 널리 사용되는 기법이다. J-M 거리는 Divergence가 가지고 있던 거리에 따른 분광분리도의 급격한 증가현상이 나타나지 않기 때문이다. 그러나 계산과정이 복잡하고 많은 처리시간이 소요된다는 단점이 있다.

(3) Mahalanobis 거리

Mahalanobis 거리는 기하학에서 널리 사용되는 유클리드 거리에 자료 간의 상관관계나 분포를 고려한 거리로서 인도의 수학자 Mahalanobis가 고안했다. 일반적인 계급 평균 간의 유클리드 거리를 행렬식으로 표현할 경우 다음과 같다.

$$D^2 = [M_c - M_d]^T [M_c - M_d]$$

Mahalanobis 거리는 유클리드 거리에 계급 간의 공분산 행렬을 곱한 거리이다.

$$D^2(Mahalanobis) = [M_c - M_d]^T [\frac{V_c + V_d}{2}][M_c - M_d]$$

이 식은 J-M 거리를 구하는 Bhattacharyya 거리의 계산법의 앞부분과 일치한다. J-M 거리에 비하여 계산이 간단하고 처리시간도 적게 소요되는 장점이 있다. 또한 Divergence에서 나타나는 계급 간 거리에 대한 급격한 분광분리도 증가도 나타나지 않는다. Mahalanobis 거리는 이러한 장점으로 분광분리도 측정기법으로 널리 사용되고 있으며, 특히 영상의 분류과정 중 하나인 Mahalanobis 분류법의 핵심기술로 사용되고 있다.

2) 해상도에 따른 훈련지역 분광특성의 변화

(1) 훈련지역의 기초통계량 변화

LANDSAT TM 영상을 이용하여 순천만 지역의 영상을 분류하였을 때 사용된 분류계급은 수역, 갯벌, 염생습지, 경지, 식생, 도시역 등 6개 계급이다. 각 계급별로 설정된 훈련지역을 대상으로 해상도의 변화에 따른 평균과 표준편차 등의 기초통계량의 변화를 살펴보면 다음과 같다.

각 밴드별로 평균을 중심으로 표준편차의 거리만큼의 통계량이 서로 겹치지 않으면 이들은 분류과정에서 서로 다른 계급으로 분류될 수 있다. 6개 분류계급이 밴드에 따라 서로 겹칠 경우 이러한 계급들은 올바른 분류를 기대하기 어렵다. 밴드별로 해상도의 변화에 따라 계급 간의 통계량 중복정도가 변화하기도 한다. 순천만 영상을 대상으로 평균과 표준편차에 의한 훈련지역의 통계량 중복정도는 〈그림 Ⅲ-18〉과 같다.

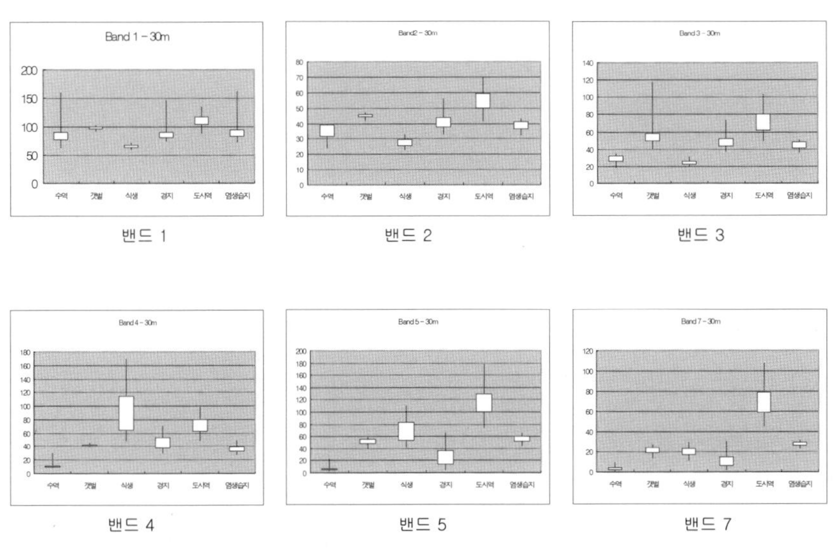

밴드 1　　　　　밴드 2　　　　　밴드 3

밴드 4　　　　　밴드 5　　　　　밴드 7

〈그림 Ⅲ-18〉 원격탐사 영상의 훈련지역 특성

순천만 지역의 영상을 대상으로 해상도에 따른 훈련지역의 기초통계량의 변화를 살펴보면 각 밴드별로 중복되는 계급이 다르게 나타나며, 이들은 해상도에 따라 변화양상도 다양하게 나타나고 있다. 1번과 2번, 5번 밴드에서는 330m 해상도에서 계급 간 분리도가 가장 좋게 나타났으며, 3번 밴드는 240m, 4번 밴드는 120m에서 각각 계급 간 분리도가 좋은 것으로 나타났다. 그러나 어떤 밴드와 해상도에서도 6개 계급을 모두 구분할 수 있는 통계량은 발견되지 않았다. 훈련지역의 통계량은 밴드별로 독립적으로 분류과정에 이용되는 것이 아니라, 분류에 참여하는 모든 밴드들이 함께 작용하여 훈련지역의 통계량을 결정한다. 본 절에서 사용한 밴드별 평균과 표준편차 값은 훈련지역별로 밴드의 통계적 특성만을 표현할 뿐이다. 밴드들을 종합하여 훈련지역의 특성을 파악하기 위해서는 훈련지역의 밴드 간 공분산(covariance)의 분석이 수반되어야 한다.

(2) 훈련지역의 분광분리도 변화

① Divergence

순천만 지역의 영상을 대상으로 해상도의 변화에 따른 Divergence는 〈그림 Ⅲ-19〉와 같다. 210m 해상도까지는 divergence의 변화가 크지 않다가 240m 해상도 이후 급격한 상승을 보이고 있다. 그림과 같이 로그변환된 divergence는 270m 해상도에서 약간 주춤하였을 뿐 300m 해상도에서 다시 급상승한다.

divergence는 훈련지역의 평균값과 분산, 공분산을 기초로 분광분리도를 측정하는 효과적인 방법이다. 본 연구에서 6개의 밴드를 모두 포함하였을 때 계급 간의 divergence의 변화는 크게 나타나지 않았다. 240m 해상도 이후의 divergence가 갑작스러운 증가를 보인 것은 분류계급 간의 거리가 멀어질 경우 급격히 분광분리도가 증가한다는 단점이 표현된 것이다. 따라서 분광분리도를 분석할 경우 원래의 divergence보다는 이를 변형한 분광분리도 측정기법이 해상도에 따른 변화를 파악할 때 더욱 효과적인 방법이라 할 수 있다.

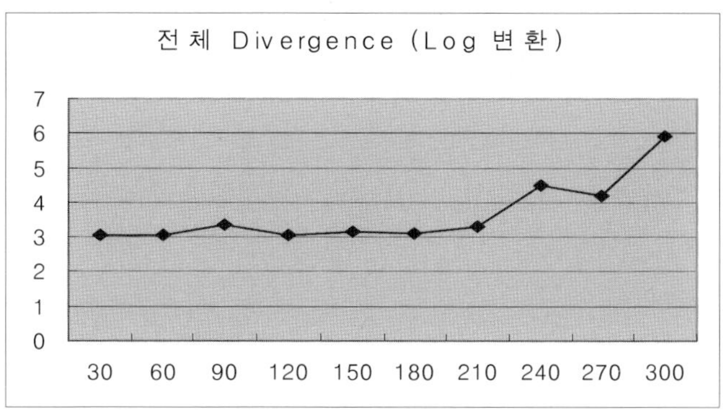

〈그림 Ⅲ-19〉 해상도에 따른 Divergence 변화

② J-M 거리

순천만 지역의 영상에서 J-M 거리의 변화는 〈그림 Ⅲ-20〉과 같다. J-M 거
리는 divergence와는 달리 해상도에 따른 분리도의 변화가 현저하게 나타났
다. 30m 해상도 이후 점차 분광분리도는 증가하다가 90m 해상도에서 정점을
이룬 후, 다시 감소한다. 180m 해상도부터는 다시 분광분리도가 증가하다가
240m와 270m 해상도에서 각각 분리도의 정점이 나타났다. 분광분리도가 높
은 이들 해상도에서는 분류정확도가 다른 해상도보다 높을 것으로 예상된다.

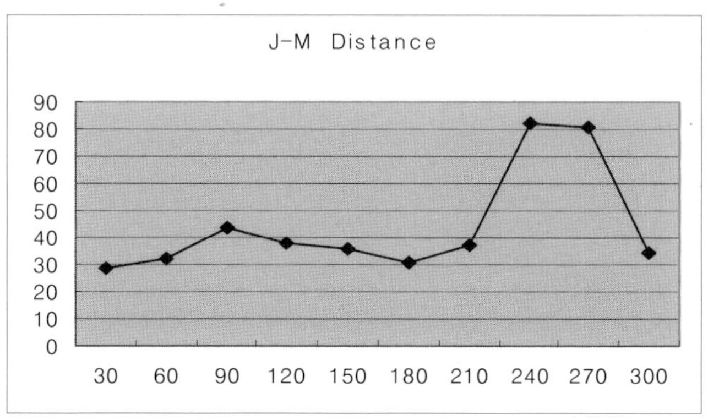

〈그림 Ⅲ-20〉 해상도에 따른 J-M 거리 변화

J-M 거리는 divegence를 변형한 거리로, 지수변환의 결과 해상도에 따른 분광분리도의 변화가 뚜렷하게 나타났다. 특히 분광분리도가 현저하게 증가하는 해상도가 나타나고 있어 해상도에 따른 영상의 속성정보의 변화가 예상된다.

③ Mahalanobis 거리

순천만 영상의 Mahalanobis 거리에 대한 변화 특성은 J-M 거리의 결과와 유사하다〈그림 Ⅲ-21〉. 해상도에 따른 변화가 잘 나타나고 있으며, 90m와 240m, 270m 해상도에서 분광분리도의 정점을 나타내고 있어 이들 해상도에서 속성정보의 변화가 예상된다.

본 연구에서 사용한 세 가지 분광분리도 측정방식은 약간씩의 차이가 있으나 다음과 같은 공통점을 가지고 있다. 세 가지 측정기법 모두에서 240m와 270m의 해상도에서 모든 밴드의 분광분리도가 정점을 나타내고 있다. 이는 240m와 270m 해상도가 모든 밴드를 이용하여 순천만 지역의 속성정보를 파악할 때 적정해상도로 이용될 수 있다는 것을 암시한다. 분광분리도는 영상의 분류작업 이전에 계급 간 분류정도를 살펴보고 분류에 필요한 밴드를 선정할 때 사용되는 기법이다. 이를 이용하여 연구지역의 해상도 저감에 따른 계급분류 정도를 어느 정도 예측해 볼 수 있다.

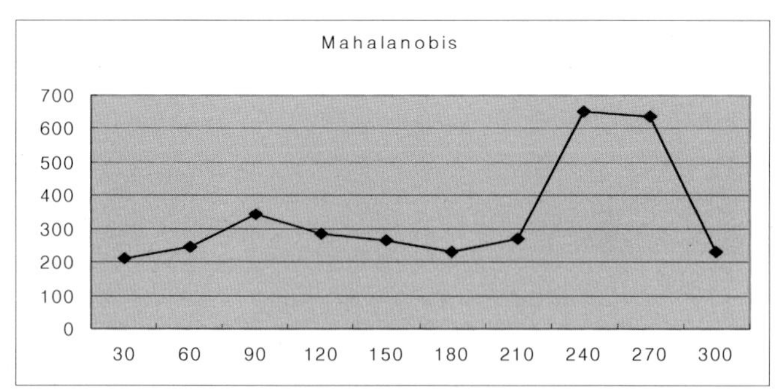

〈그림 Ⅲ-21〉 전체 밴드의 Mahalanobis 거리 변화

3) 해상도에 따른 토지피복 분류정확도 변화

(1) 영상 전체의 분류정확도 변화

순천만 지역의 영상을 이용하여 해상도를 저감한 영상을 각각 작성한 후 동일한 훈련지역을 사용하여 영상을 분류하였다. 30m 해상도의 영상으로부터 480m 해상도의 영상까지 30m 간격으로 모두 16가지의 영상을 토지유형 분류하였다. 분류계급은 순천만 해안습지의 분석과정에서 설정한 6개 계급이다.

해상도에 따라 각각의 영상은 동일한 훈련지역의 통계량을 기반으로 나머지 화소들이 분류되었다. 순천만 지역의 토지유형 분류를 위해 선정된 훈련지역을 이용하여 각 해상도마다 영상을 분류하였다. 훈련지역은 ER-Mapper에서 선정한 후, IDRISI의 벡터 데이터로 변환하였다. IDRISI의 영상처리 모듈은 지리좌표를 가진 벡터자료를 대상으로 훈련지역의 통계적 특성을 계산하고 이를 signature 파일에 저장한다. 각각의 해상도마다 동일한 훈련지역을 적용하여 signature 파일을 작성하였다. signature 파일에는 훈련지역의 기초통계량과 밴드별 공분산 행렬이 저장된다. signature 파일을 이용하여 IDRISI의 영상분류 모듈을 이용하여 각 해상도의 영상을 토지유형 분류할 수 있었다. 영상의 분류에는 공간해상도가 상이한 6번 밴드를 제외한 6개의 밴드가 사용되었다.

이와 같은 절차를 거쳐 토지유형 분류의 결과 16가지 해상도의 토지유형 속성정보를 표현한 공간자료를 작성하였다. 16가지 해상도의 영상을 대상으로 동일한 훈련지역을 적용하여 토지유형을 분류한 결과는 〈그림 Ⅲ-22〉에서 〈그림 Ⅲ-24〉와 같다. 그림과 같이 해상도가 변화하면서 분류된 속성정보가 다르게 표현되고 있다. 해상도가 낮아지면서 혼합화소의 수가 많아지면서 분류정확도의 변화가 나타나고 있다. 특히 300m보다 낮은 해상도의 영상에서는 혼합화소의 영향으로 도시역으로 분류된 화소가 증가하고 있다.

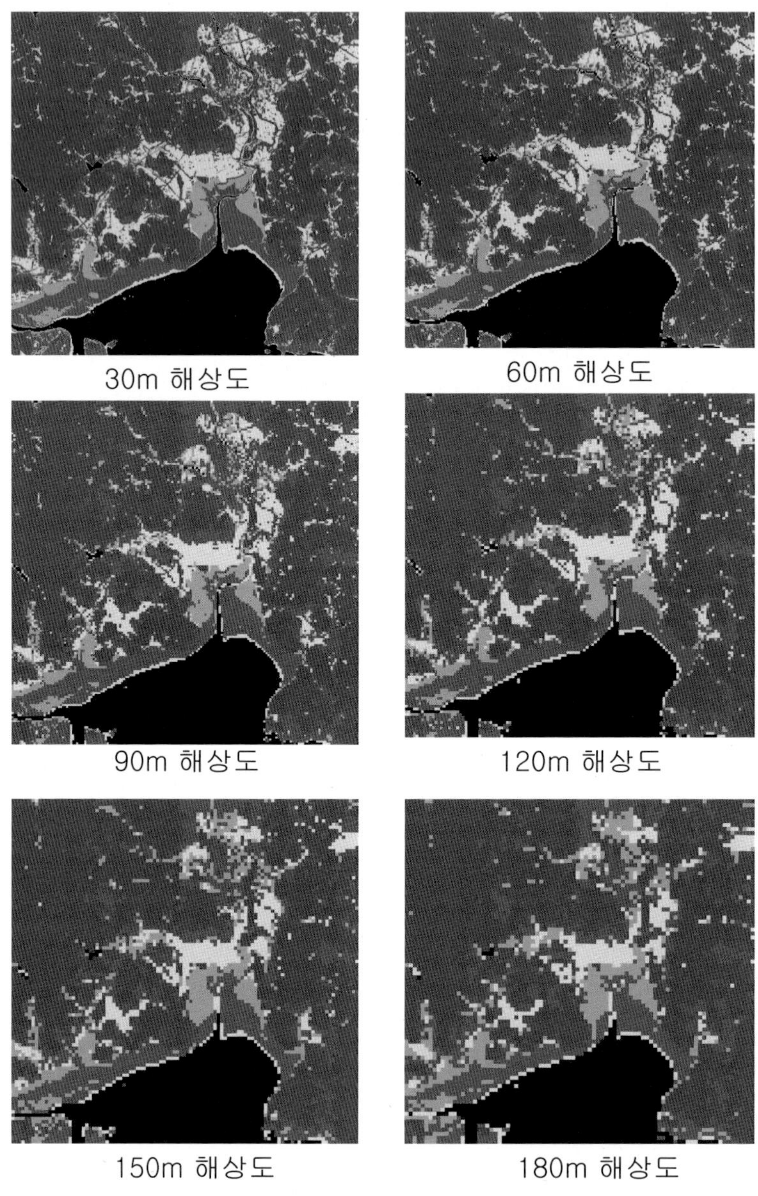

〈그림 Ⅲ-22〉 해상도별 영상의 속성분류 결과(30m – 180m)

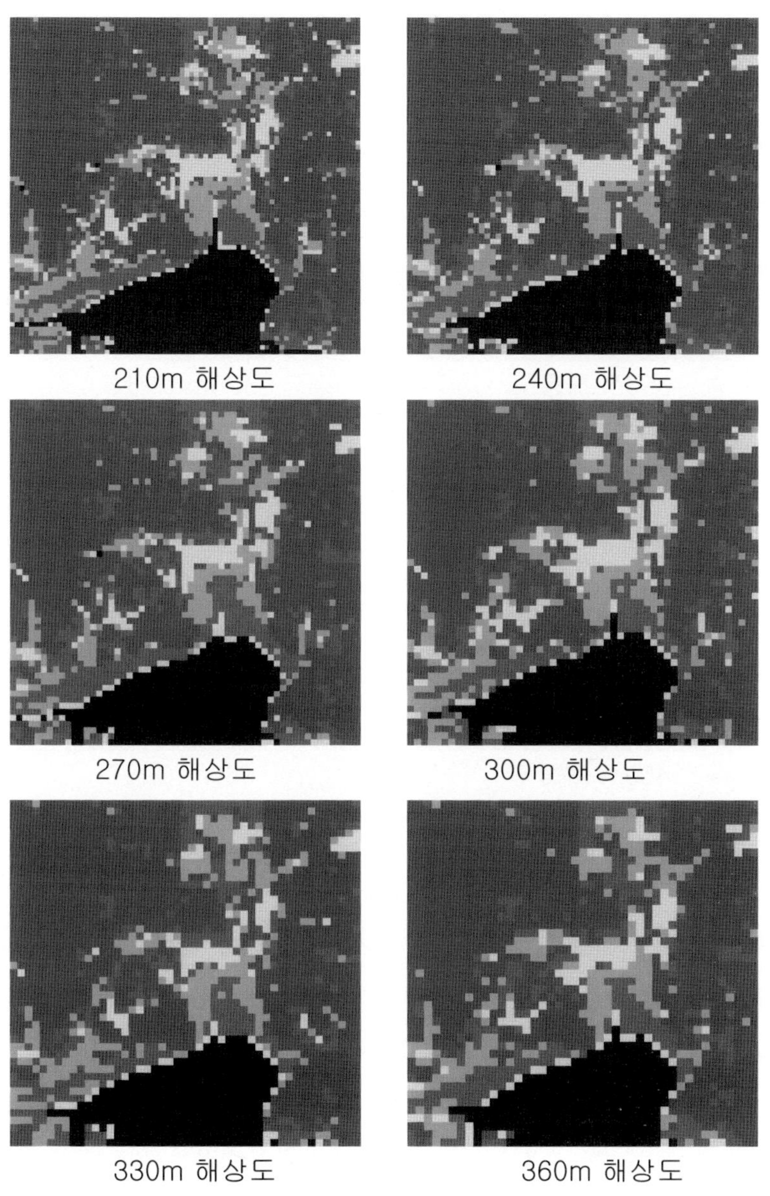

〈그림 Ⅲ-23〉 해상도별 영상의 속성분류 결과(210m - 360m)

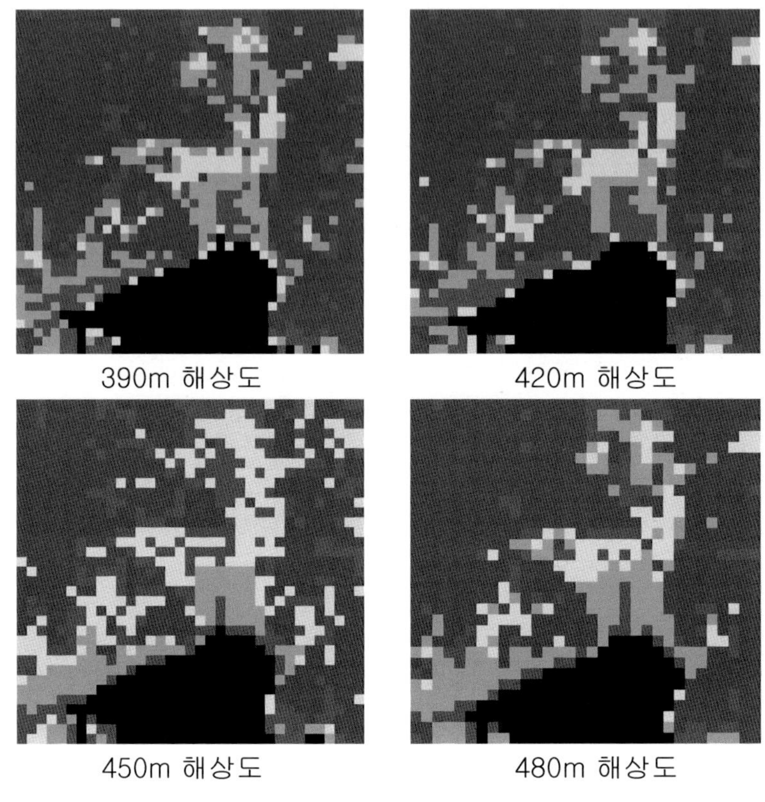

〈그림 Ⅲ-24〉 해상도별 영상의 속성분류 결과(390m-480m)

변환된 속성정보는 실제의 속성지도와 비교하여 정확도가 검증되어야 한다. 본 연구에서는 순천만 지역의 조사결과 구축된 참조지도를 영상의 해상도에 맞게 래스터화하여 다양한 해상도의 래스터 참조지도를 작성하였다. 작성된 래스터 참조지도와 영상의 분류결과를 중첩분석하여 전체 영상의 오차행렬을 작성하였다. 순천만 지역의 영상을 대상으로 해상도에 따라 각각 분류한 결과 〈그림 Ⅲ-25〉와 같은 전체 해상도의 변화를 찾을 수 있었다.

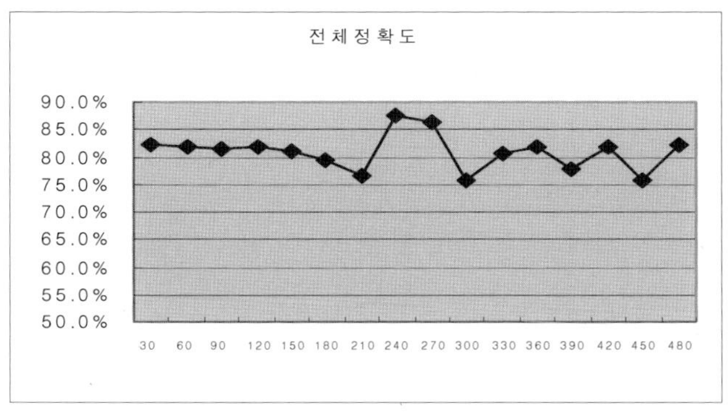

〈그림 Ⅲ-25〉 분류정확도의 해상도별 변화

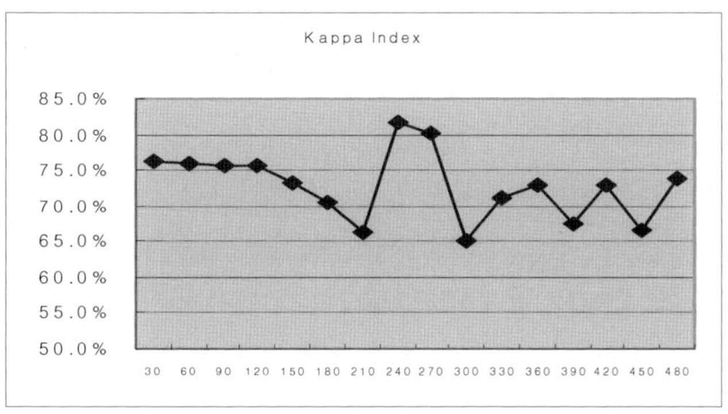

〈그림 Ⅲ-26〉 Kappa Index의 해상도별 변화

전체 영상의 분류정확도는 〈그림 Ⅲ-25〉와 같이 해상도에 따라 특이하게 변화한다. 120m 해상도까지는 분류정확도의 변화가 적다가 150m 해상도부터는 분류정확도의 급격한 하락이 나타난다. 특이할 점은 240m 해상도와 270m 해상도에서 다시 분류정확도의 향상이 나타나는데, 이 해상도에서 분광분리도가 향상된 현상과 일치하고 있다. 또한 360m 해상도와 420m 해상도에서도 분류정확도의 향상이 나타나고 있다.

분류정확도에서 우연히 분류될 경우를 배제한 지수인 Kappa 지수 역시 분류정확도의 해상도에 따른 변화와 유사하다〈그림 Ⅲ-26〉. 120m의 해상도까지 정확도의 변화가 없다가 150m 해상도부터 정확도가 하락하여 210m 해상도에서는 가장 낮은 정확도를 보이고 있다. 그러나 240m와 270m 해상도에서 다시 정확도의 증가가 나타나고 있다. 분류정확도만으로 해상도를 평가한다면 120m 해상도까지가 적정해상도라 할 수 있으며, 240m와 270m의 해상도도 정확도가 좋은 편이라 할 수 있다.

각 분류계급별로 제작자 정확도와 사용자 정확도의 변화를 살펴보았다. 제작자 정확도의 변화를 분석한 결과는 〈그림 Ⅲ-27〉과 같다. 제작자 정확도에서는 수역, 갯벌, 식생 계급이 해상도의 변화에도 꾸준히 높은 정확도를 유지하고 있다. 이에 반하여 경지, 도시역, 염생습지 계급은 120m 해상도까지는 정확도를 유지하다가 그 이후의 해상도에서는 변화가 심하게 나타나고 있다. 특히 240m와 270m 해상도에서 도시역의 정확도 증가가 두드러지게 나타난다. 450m 해상도에서는 갯벌과 도시역, 염생습지의 정확도가 급격히 하락하고 있다. 이러한 원인은 두 가지로 분석할 수 있다. 첫째, 참조지도의 래스터화 과정에서 토지유형의 혼합도가 커져 정확도의 감소가 발생한다. 해상도가 낮아질수록 격자를 대표하는 토지유형의 대표성이 낮아지기 때문에 정확도가 하락한다.

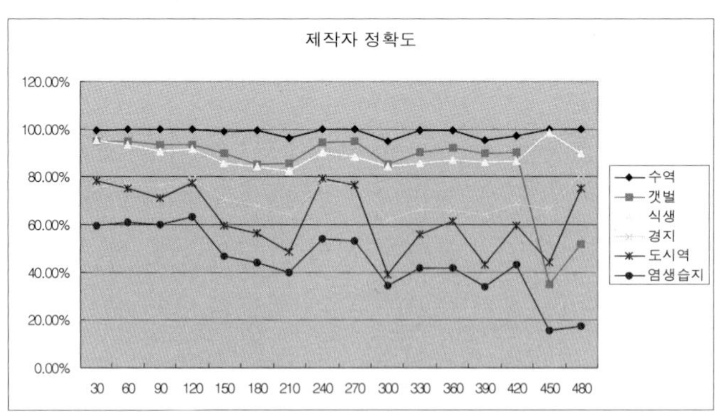

〈그림 Ⅲ-27〉 제작자 정확도의 변화

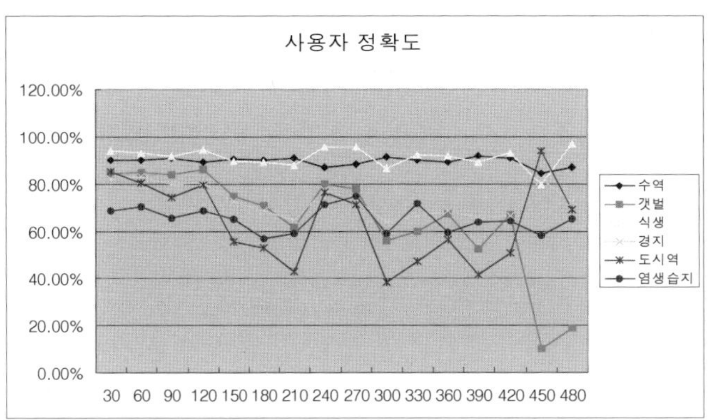

〈그림 Ⅲ-28〉 사용자 정확도의 변화

둘째, 위성영상의 해상도를 저감할 때 화소들 간의 분리도가 감소하여 토지유형 분류의 정확도가 감소한다. 훈련지역을 선정하고 각 분류계급의 평균과 공분산을 계산할 때, 분광특성의 분리가 더 이상 올바르게 되지 않아 분류의 정확도가 감소한다. 특히 도시역의 경우 낮은 해상도의 영상에서 훈련지역의 통계량을 계산할 때, 다른 토지유형과 혼합도가 증가하여, 많은 화소들이 오분류되고 있다.

사용자 정확도에서도 이러한 경향이 유사하게 나타난다. 〈그림 Ⅲ-28〉은 사용자 정확도의 변화를 분석한 결과이다. 수역과 식생은 정확도에 따른 변화가 크지 않으나, 갯벌, 경지, 도시역, 염생습지 계급은 해상도의 변화에 따른 정확도의 변화가 심하게 나타났다. 사용자 정확도의 경우도 240m 해상도와 270m 해상도에서 정확도의 증가가 나타난다. 450m 해상도에서는 갯벌의 정확도가 매우 낮게 측정되었으며, 도시역의 정확도는 매우 높게 나타났다.

토지유형별 정확도의 변화를 분석하기 위하여 해상도에 따른 토지유형 분류면적의 변화를 살펴보았다. 〈그림 Ⅲ-29〉를 살펴보면, 대부분의 토지유형이 450m 해상도에서 크게 변화한 것을 알 수 있다. 식생의 경우 면적이 크게 줄었고, 도시역과 경지, 염생습지의 경우 면적이 크게 늘었다. 이전 해상도에서 식생으로 분류되던 화소들이 450m 해상도에서는 도시역으로 분류되었다. 도시역으로 분류된 화소가 증가함에 따라 도시역의 제작자 정확도는 감소하고, 사용자 정확도는 증가한 결과가 나타났다. 450m 해상도에서는 참조지도를 래스터화한 자료와 위성영상의 분류한 결과 모두 다른 해상도와는 다른 특성을 보이고 있다. 참조지도에서는 토지유형의 혼합도가 증가하고 있으며, 위성영상의 분류결과 토지유형별로 차지하고 있는 면적이 변화하고 있다. 이것은 순천만 지역이 가지고 있는 해상도 특성과 영상의 해상도 특성이 함께 작용하여 분류정확도에 영향을 미치고 있다고 판단된다.

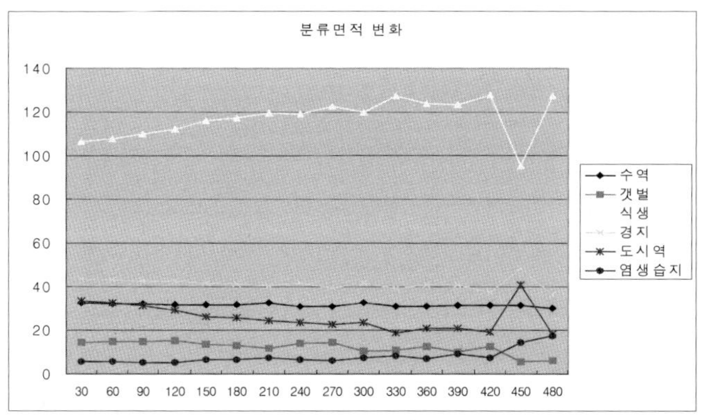

〈그림 Ⅲ-29〉 토지유형 분류면적의 해상도별 변화

정확도의 측면에서 순천만 지역의 적정해상도를 모색한다면, 120m 해상도까지는 원래의 영상과 비교하여 정보의 변화가 크지 않게 나타났다. 120m 해상도 이후에는 해상도의 감소에 따른 정보의 정확도가 감소되었으나 240m와 270m 해상도에서는 오히려 정확도가 증가하고 있다. 순천만 지역의 영상의 경우 이들 해상도에서 축척 효과가 나타나는 지점이라고 할 수 있다. 450m 해상도에서는 올바른 토지피복분류가 되지 않았다.

(2) 염생습지 구역의 분류정확도 변화

제작자 정확도와 사용자 정확도의 변화에서 염생습지의 정확도가 비교적 낮게 나타나고 있으며, 해상도에 따른 정확도의 변화가 다른 분류계급에 비하여 특이하게 나타났다. 습지의 해상도에 따른 정확도 변화를 면밀히 분석하기 위하여 순천만에서 3개의 구역을 잘라내어 정확성 평가를 실시하고 그 변화를 모색하였다. 잘라낸 구역은 〈그림 Ⅲ-30〉과 같이 순천만 하구와 동쪽과 서쪽으로 1개 구역씩 선정하였다. 잘라낸 하위영상은 64행×64열의 크기를 가지고 있다.

잘라낸 영상을 대상으로 참조지도와 정확성 평가를 실시하였다. 원래의 30m 해상도에서 각 지역의 정확도는 〈표 Ⅲ-2〉와 같다. 구역 1의 경우 수역과 갯벌, 그리고 염생습지의 세 가지 분류계급으로 토지유형이 분류되었다. 구역 2와 구역 3의 경우 갯벌, 염생습지, 삼림, 도시역, 경지의 다섯 가지 토지유형으로 분류되었다. 순천만의 영상으로부터 습지부분을 잘라낸 세 가지 영상은 약 70% 정도의 Kappa Index 결과를 보이고 있다. 이는 전체 영상의 분류정확도(82.4%)와 Kappa Index(76.2%)에는 미치지 못한다. 이는 제작자 정확도와 사용자 정확도에서 갯벌과 염생습지의 분류정확도가 낮았던 현상과 일치한다.

〈표 Ⅲ-2〉 습지 구역의 분류정확도

	구역 1	구역 2	구역 3
전체 정확도	82.1%	81.2%	82.1%
Kappa Index	69.6%	75.4%	74.8%

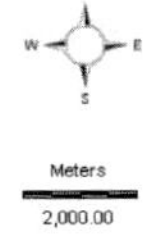

〈그림 Ⅲ-30〉 염생습지 구역의 위치

잘라낸 구역을 대상으로 해상도의 변화에 따른 정확도(kappa index)의 변화는 〈그림 Ⅲ-31〉과 같다. 그림과 같이 습지지역을 잘라낸 세 가지 구역 모두에서 전체 영상에서 나타난 경향과 비슷한 경향이 보이고 있다. 구역에 따라 약간의 차이는 있으나 150m 해상도에서 정확도의 급락이 나타나고 있으며, 240m 해상도와 270m 해상도에서는 정확도의 증가가 나타나고 있다. 이러한 현상은 전체 영상의 정확도 변화와 일치하고 있다. 습지와 수역만으로 구성된 구역 1의 경우 분류정확도가 다른 구역에 비하여 저하되어 있다. 특히 150m 해상도에서 정확도의 급격한 하락이 나타나며, 240와 270m 해상도에서도 정확도가 크게 향상되지 않았다. 이 구역은 다른 토지유형이 나타나지 않아 전반적으로 정확도는 낮은 것으로 평가된다. 그러나 해상도에 따른 변화특성은 그대로 유지하고 있다. 구역 2와 구역 3의 경우 육상부와 염생습지를 포함하고 있어 정확도의 변화는 전체 영상과 유사하다. 전체 영상으로부터 잘라낸 습지의 분류정확도가 전체 영상보다는 낮지만, 이들 영상의 해상도에 따른 변화는 전체 영상과 같은 경향을 보이고 있다. 이는 영상의 해상도에 따라서 속성정보의 정확도가 특이한 경향을 보이고 있고, 이러한 경향은 습지의 부분영상에도 모두 나타나고 있음을 보여주고 있다. 따라서 원격탐사 영상으로부터 속성을 파악한 분류정확도의 변화는 해상도에 따른 특성을 표현하고 있다고 할 수 있다.

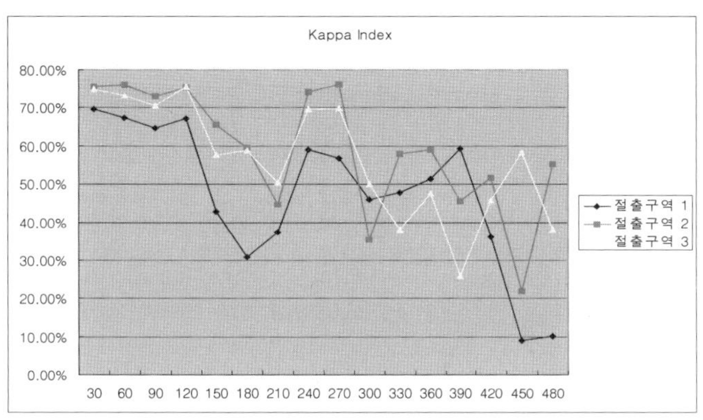

〈그림 Ⅲ-31〉 습지 구역의 분류정확도 변화

　　원격탐사 영상은 해상도의 변화에 따라 분류정확도가 변화하고 있다. 해상도가 낮아지면 정확도 역시 낮아질 것이라는 일반적인 예상과는 달리 정확도가 오히려 상승하는 해상도도 나타나고 있다. 이는 원격탐사 영상이 가지고 있는 축척 의존성의 영향 때문이다. 이와 같이 해상도에 따른 속성정보의 분류정확도의 변화를 미리 예측하기 위해서는 해상도 특성을 표현할 수 있는 지수의 선정이 요구된다. 이러한 지수는 해상도의 변화에 따른 영상의 속성정보 특성의 변화를 예측할 수 있을 뿐만 아니라 속성정보의 분류정확도 역시 예측할 수 있어야 한다. 영상의 특성을 표현하기 위하여 사용된 각종 지수들을 대상으로 영상의 특성 변화와 속성정보의 분류정확도를 예측할 수 있는 지수들을 모색해 보도록 한다.

11. 위성영상의 적정해상도 탐색

1) 해상도 특성 지수의 필요성

원격탐사와 영상처리 기술의 발달로 다양한 해상도의 원격탐사 영상을 다룰 수 있게 되었다. 원격탐사 영상은 지표면의 정보를 담고 있으므로 해상도가 변화함에 따라 축척 효과(scale effect)에 의해 특성이 변화한다. 연구자는 다양한 해상도의 원격탐사 영상으로부터 연구에 필요한 지리현상이 나타나는 적정해상도(optimum resolution or operational scale)를 선택할 필요가 있다. 다양한 해상도의 원격탐사 영상으로부터 연구에 필요한 적정해상도를 탐색하기 위해서는 해상도의 변화에 따른 영상의 특성을 지수화하여 표현하여야 한다. 해상도 특성을 표현하는 지수란 해상도 변화에 따른 영상의 특성의 변화를 대표값으로 표현하는 것이다. 해상도에 따라 영상의 특성을 표현하는 지수의 값이 변화하기 때문에 이의 변화를 분석하면 적정해상도 탐색이 가능하게 된다. 연구자는 지수의 변화를 통하여 해상도에 따른 영상의 변화를 파악할 수 있고, 이를 이용하여 연구에 필요한 적정해상도를 탐색할 수 있기 때문이다.

해상도에 따라 변화하는 영상의 특성을 표현할 지수는 다음과 같은 요건을 필요로 한다. 첫째, 해상도에 따른 변화를 명확히 표현하여야 한다. 즉, 해상도의 변화에 따른 지수의 민감도(sensitivity)가 높아야 한다. 해상도의 변화를 표현하는 지수는 영상특성의 변화에 민감하게 반응할 수 있어야 한다. 따라서 영상의 특성을 민감하게 표현할 수 있는 지수를 파악하여야 한다. 둘째, 영상의 처리과정이 최소화되어야 한다. 일반적으로 영상으로부터 필요한 속성을 파악하기 위해서는 영상의 전처리(preprocessing), 훈련지역 설정, 영상의 분류(classification), 정확도 평가(accuracy assessment) 등 일련의 영상처리 절차를 필요로 한다. 해상도에 따른 원격탐사 영상의 특성을 모두 파악하기 위해서는 이러한 과정을 모두 처리하여야 한다. 그러나 다양한 해상도의 영상을 모두 처리하기 위해서는 많은 비용과 시간이 소요된다. 따라서 해상도를 측정하는 지수는 최소한의 영상처리 절차만을 거치면서도 최종 결과를 예측할 수 있는 지수가 마련되어야 한다. 셋째 속성정보의 분류정확도가 반영될 수 있어야 한다. 원격탐사 영상은 최종적으로 지표면의 분류된 속성정보로 변환된다. 이러한 속성정보의 질을 평가하는 방법이 분류정확도이다. 따라서 분류정확도는 다양한 해상도로부터 분류된 속성정보의 질을 평가하는 주요한 수단 중의 하나이다. 해상도의 변화를 측정하는 지수는 원격탐사 영상으로부터 파악되는 속성정보의 변화를 표현하여야 하므로, 분류정확도와 밀접한 관계가 요구된다.

기존의 연구에서 개발된 해상도 특성 지수들은 원래의 영상, 즉 영상처리 과정(image processing)을 거치지 않은 영상의 구조특성에 중점을 두어왔다. 대표적인 측정기법으로는 국지적 분산(local variance)과 프랙탈 차원(fractal dimension) 등이 있다. 원래의 영상을 대상으로 개발된 지수는 이론적으로 해상도의 변화에 따라 민감하게 변화하고, 지수의 변화를 파악함으로써 적정해상도를 탐색할 수 있다. 국지적 분산과 프랙탈 차원은 해상도에 따른 지수의 변화과정에서 곡선의 정점에 해당하는 해상도가 적정해상도라고 제시하였다.

기존의 연구에서 제시한 해상도 특성 지수는 다음과 같은 문제점을 가지고 있다. 첫째, 실제의 영상에 이들 해상도 특성 지수를 적용한 결과 해상도에 따른 경향을 파악할 수 없었다. 국지적 분산과 프랙탈 차원 등의 해상도 특성 지수는 실험을 위해 모의로 제작된 영상을 기초로 개발되었다. 따라서 실제의 영상은 이론과 같이 뚜렷한 경향을 보이지는 않는다. 둘째 선행 해상도 특성 지수는 영상으로부터 취득되는 속성정보에 대한 처리과정은 반영하지 않았다. 원격탐사 영상의 실질적인 이용을 위해서는 영상의 처리과정에서 필요한 속성정보가 해상도의 변화에 어떻게 변화하는가를 지수로 표현할 수 있어야 한다. 속성정보의 변화를 반영하고, 영상처리 과정에서 분류정확도를 예측할 수 있는, 해상도에 따른 속성정보의 특성을 파악하기 위한 지수가 선정되어야 한다.

순천만 영상을 대상으로 지금까지 개발된 해상도 특성 측정기법을 적용한 결과 순천만 해안습지의 다양한 토지유형과 규모의 특성을 반영할 수 없었다. 국지적 분산과 프랙탈 차원은 영상 전체의 복잡도를 표현하는 지수로, 순천만 해안습지와 같이 서로 다른 지표면의 특성들이 혼재한 영상에서는 해상도의 변화특성을 명확히 밝히지 못하였다. 또한 영상으로부터 파악되는 속성정보의 변화를 반영하고 있지 않아, 영상의 이용과 분석의 측면에서 해상도의 영향을 평가할 수 없었다. 원격탐사 영상으로부터 해상도에 따른 영상의 변화를 탐색하고 적절한 해상도를 탐색하기 위해서는 해상도 변화에 대한 영상의 공간적 분포특성 변화와 분광분리도를 반영한 새로운 지수를 선정하여야 한다.

2) 해상도 특성 지수의 선정

(1) 적정해상도 선정과 해상도 특성 지수

원격탐사 영상의 해상도에 따른 특성 변화를 파악하기 위하여 앞장에서 적용하였던 대표값들을 대상으로 해상도 특성 지수로 적용될 수 있는가를 파악하였다. 〈그림 Ⅲ-32〉에서 영상의 해상도 특성을 측정하기 위하여 사용된 기법들을 정리하였다. 영상 자체의 구조특성을 측정하는 기법으로 기초통계량의 변화와 국지적 분산, 프랙탈 차원, 분산영상의 공간적 분포기법을 살펴보고 순천만 영상에 이들 기법을 적용하여 비교하였다. 영상으로부터 파악되는 속성정보의 변화를 측정하는 기법으로 훈련지역의 특성을 표현하는 divergence, J-M 거리, Mahalanobis 거리 등의 세 가지 분광분리도 측정기법을 살펴보고 순천만 영상의 특성 변화를 분석하였다. 이들 기법들이 해상도의 변화에 따른 영상의 특성 변화를 반영하고 있는가를 알아보기 위하여 해상도에 따른 분류정확도와 비교하였다. 각 해상도 특성 측정기법들이 분류정확도의 변화를 반영하고 있는가를 비교하여 분류정확도의 변화를 반영하는 해상도 특성 기법들을 선정하였다.

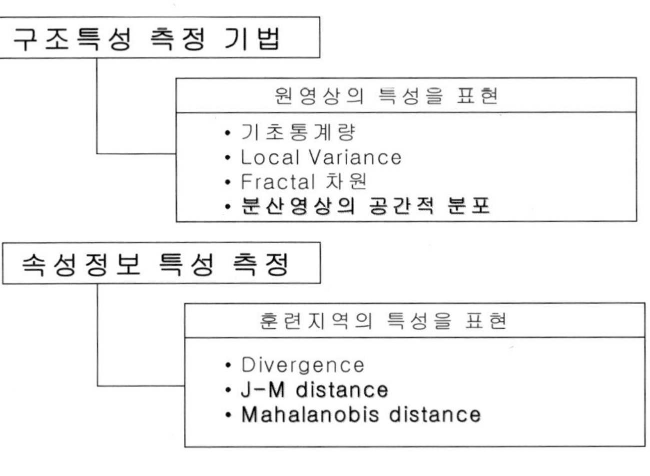

〈그림 Ⅲ-32〉 해상도 특성 측정기법

원격탐사 영상의 구조특성을 측정하는 기법을 대상으로 해상도 특성을 표현할 수 있는 지수를 탐색하였다. 영상의 기초통계적 특성의 경우 평균과 분산, 최소값 등에서는 해상도의 변화에 따른 지수의 변화가 뚜렷이 나타나지 않았다. 그러나 최대값의 경우 150m 해상도를 기점으로 지수의 변화패턴이 다르게 나타나고 있다. 150m 해상도까지는 해상도가 변화함에 따라 급격히 감소하다가 그 이후에는 완만한 감소추세를 보이고 있다. 국지적 분산의 경우, 90m 해상도까지 급격히 증가하다가 이후의 해상도에서는 완만한 변화를 보이고 있다. 프랙탈 차원은 불규칙한 변화로 특정 해상도를 선정하기 어렵다. 이들 해상도 특성 측정기법들은 일정한 해상도까지의 변화패턴은 찾을 수 있으나, 이러한 변화패턴만을 이용하여 원격탐사 영상의 공간적 특성을 파악하기는 부족하다. 최대값과 첨도의 경우 특정한 해상도만을 기점으로 특성이 변화하고 있고, 국지적 분산과 프랙탈 차원은 이론적으로 제시한 적정해상도가 나타나지 않았기 때문이다.

해상도에 따른 영상의 특성을 측정하기 위하여 선정된 분산영상의 공간적 자기상관 지수의 경우 영상의 해상도 특성을 표현하기 위한 다른 지수들에 비하여 일정한 경향을 보이고 있다. 분산영상의 공간적 자기상관 지수(Moran's I)는 150m 해상도와 300m 해상도에서 지수의 정점이 나타나고 있다. 이는 이들 해상도에서 분포패턴의 변화가 나타나고 있다는 것을 의미한다. 즉 120m 해상도에서 150m 해상도로 변화할 때와 270m 해상도에서 300m 해상도로 변화할 때 영상의 구조에 변화가 발생한다는 것을 암시한다. 해상도에 따른 정확도의 변화를 살펴보면, 이들 해상도에서 정확도가 급격히 하락하고 있다. 분산영상의 공간적 자기상관도가 정점인 해상도에서 영상의 특성이 변화하며, 이는 정확성 평가의 결과 정확도가 급격히 하락하는 지점과 일치한다. 분산영상의 공간적 자기상관도는 해상도에 따른 영상의 특성 변화를 표현하고 있다고 할 수 있다.

해상도에 따른 속성정보의 특성을 파악하기 위해서는 훈련지역의 통계량을 이용하여 영상의 분류정확도를 반영할 수 있는 지수를 선정하여야 한다. 해상도에 따른 훈련지역의 특성을 표현할 수 있는 지수로서 분광분리도 측정방법을 적용하고 그 결과를 비교하였다. 분광분리도 측정을 위하여 사용된 세 가지 기법 중에서 divergence는 분광거리가 급격히 증가하는 단점으로 해상도에 따른 분광분리도의 표현에 적합하지 못하다. 그러나 J-M 거리와 Mahalanobis 거리는 분류정확도의 변화양상을 반영하고 있다. 이들 분광분리도에서 정점으로 나타나는 90m와 240m, 270m 해상도에서 정확도의 변화가 나타나고 있다. 특히 240m와 270m 해상도에서 정확도의 증가가 나타나는 현상은 분광분리도의 변화와 일치하고 있다. 따라서 J-M 거리와 Mahalanobis 거리는 해상도에 따른 속성정보의 특성 변화를 표현하고 있다고 할 수 있다.

영상의 특성과 정확도 변화를 관련하여 분석하면 다음과 같은 경향이 나타난다. 첫째, 분류정확도의 하락시점인 120m와 300m 해상도는 분산영상의 분포패턴이 변화하는 해상도와 일치한다. 즉 분산영상의 공간적 자기상관 지수인 Moran's I 수치가 정점인 지점에서 정확도가 하락하는 해상도로 해석된다. 정확도가 해상도의 영향에 의해 하락하는 해상도는 분산영상의 공간적 자기상관 측정으로 예측할 수 있다. 둘째, 분리도 측정을 위해 사용되는 J-M 거리와 Mahalanobis 거리의 변화가 분류정확도의 변화와 유사하다. 특히 240m와 270m 해상도에서 나타나는 분광분리도의 증가 현상은 정확도 변화에서 나타나는 정확도 상승지점과 일치한다. 분광분리도는 속성정보의 분류정확도를 예측할 수 있는 간편한 기법이라 할 수 있다. 이러한 결과를 종합하면, 분산영상의 공간적 자기상관도와 분광분리도(J-M 거리, Mahalanobis 거리)는 해상도의 변화에 따른 속성정보의 변화를 잘 반영하고 있는 지수라 할 수 있다.

(2) 해상도 특성 지수의 선정

해상도의 변화에 따른 영상의 특성을 분석하기 위한 지수는 크게 두 가지 종류로 구분할 수 있다. 첫째는 속성정보 분류과정 이전의 영상을 대상으로 해상도에 따른 특성을 파악하는 지수이다. 선행 연구의 기술통계적 분석이나 국지적 분산, 프랙탈 차원 등도 여기에 포함된다. 이들 지수들은 영상에 적용한 결과 뚜렷한 변화를 파악할 수 없었다. 다만 최대값의 경우 해상도의 변화에 따른 변화가 나타났지만 공간적 특성을 반영하는 지수라고 보기는 어렵다. 분산영상의 공간적 자기상관도의 경우 해상도의 변화에 따라 지수의 변화가 나타났으며, 그 변화양상이 속성정보의 분류정확도와도 어느 정도 관계를 보이고 있다. 특히 공간적 자기상관도가 정점인 해상도에서는 속성정보의 분류정확도가 현저히 저하되는 해상도와 일치하고 있어, 분산영상의 공간분포가 변화하는 해상도로 해석할 수 있다. 따라서 분산영상의 공간적 자기상관도를 해상도에 따른 영상의 구조특성 변화를 파악할 수 있는 지수로 선정할 수 있다.

둘째는 속성정보의 파악과정에서 훈련지역의 특성을 반영한 지수이다. 원격탐사 영상으로부터 분류된 속성정보의 특성은 영상의 질을 평가하는 중요한 기준이다. 영상으로부터 속성을 분류하는 영상처리 과정을 모두 거치지 않고도 속성정보의 질을 평가할 수 있다면 매우 효과적인 해상도 특성 지수로 이용할 수 있다. 속성정보의 분류를 위해 선정되는 훈련지역은 영상분류 과정에서 속성정보의 특성을 정의하는 기초적인 정보를 제공한다. 따라서 훈련지역의 분석을 통하여 속성정보의 질을 미리 예측하고 평가할 수 있다. 순천만 지역의 영상을 대상으로 훈련지역의 통계량은 밴드별로 해상도에 따른 변화가 나타났지만, 밴드 간의 공분산이 배제되어 있어 해상도 변화에 따른 변화를 정확히 표현하기는 어렵다. 이를 해결하기 위하여 다변량 공간에서의 분광분리도를 적용한 결과, divergence는 해상도에 따른 변화가 잘 나타나지 않는 반면, J-M 거리와 Mahalanobis 거리는 해상도에 따른 변화가 잘 나타나고 있다. 또한 이들 분광분리도는 해상도에 따른 분류정확도의 결과와도 유사한 변화를 보이고 있다. 따라서 속성정보의 변화를 예측하기 위한 해상도 특성 지수로 분광분리도 측정기법인 J-M 거리와 Mahalanobis 거리를 사용할 수 있다.

분산의 공간적 자기상관도와 훈련지역의 분광분리도는 해상도의 변화에 따른 영상의 특성을 파악하고 속성정보의 변화를 예측하는 데 유용하게 이용될 수 있는 지수들이다. 이들은 해상도에 따른 변화를 잘 표현하고 있으며, 영상의 모든 처리과정을 거치지 않고 해상도의 변화와 훈련지역의 선정만으로 쉽게 지수를 구할 수 있다. 또한 다양한 해상도의 영상의 분류정확도의 평가결과와도 유사한 경향을 보이고 있다. 따라서 이들은 해상도의 변화에 따른 영상의 특성을 분석하는 데 적합한 지수들이라 할 수 있다.

(3) 해상도 특성 지수의 평가

영상의 해상도 특성을 표현하는 지수들을 평가하기 위하여 정확도와의 상관관계 분석을 실시하였다. 상관관계 분석은 두 가지 단계로 진행하였다. 첫째는 원격탐사 영상의 구조특성을 측정하기 위한 해상도 특성 측정 기법들과 분류정확도를 대상으로 상관분석을 실시하였고, 두 번째로 영상으로부터 분류되는 속성정보의 경향을 예측하기 위한 분광분리도와 분류정확도의 변화를 대상으로 상관분석을 실시하였다. 상관관계 분석방법은 Spearman의 비모수 순위상관 분석을 행하였다. 순위상관 분석은 자료의 양이 작거나 서열척도일 경우 사용되는 상관관계 분석방법이다. 본 연구의 경우 30m 해상도부터 300m 해상도까지 11개의 자료만을 사용하였기 때문에 Pearson의 상관분석보다는 순위상관 분석이 적합하다. 순위상관 분석은 자료의 값을 순서대로 나열하여 순위에 따른 서열을 부여한 후, 다음의 식으로 상관계수를 도출한다.

$$r_s = 1 - \frac{6 \sum d_i^2}{n(n^2 - 1)}$$

여기서 n은 자료의 수이며, d_i는 두 개의 자료에서 순위의 차이이다. 이와 같은 방식으로 해상도의 변화에 따른 영상의 특성을 측정하는 지수들과 분류정확도와의 상관관계를 분석하였다.

① 원격탐사 영상의 구조특성과의 상관관계 분석

원격탐사 영상의 구조특성을 측정하기 위하여 사용된 국지적 분산, 프랙탈 차원, 그리고 분산영상의 자기상관도와 분류정확도 간의 상관관계를 분석한 결과는 〈표 Ⅲ-3〉과 같다.

〈표 Ⅲ-3〉 해상도별 분류정확도와 구조특성 측정지수 간의 상관관계

	국지적 분산	프랙탈	분산영상의 공간적 자기상관
상관관계	-0.273	-0.200	-0.717

 분류정확도와 영상의 구조특성을 나타내는 지수 간의 상관관계를 살
펴보면 분산영상의 공간적 자기상관이 높은 상관관계를 보이고 있으며,
다른 구조특성 측정지수들은 높은 상관관계를 보이고 있지 않다. 국지적
분산과 프랙탈 차원 등 기존의 구조특성을 측정하기 위하여 개발된 지수
들은 정확도와의 상관관계가 적게 나타났다. 분산영상의 공간적 자기상
관도는 다른 측정지수들에 비하여 부의 상관관계가 상당히 높은 것으로
나타났다. 이는 분산영상의 공간적 자기상관이 높을수록 영상의 분류정
확도는 낮아진다고 할 수 있다. 특히 분산영상의 공간적 자기상관도가
정점인 해상도에서 분류정확도가 급격히 하락하는 현상도 분류정확도와
분산영상의 공간적 자기상관도 간의 부의 상관관계를 반영하고 있다. 이
들 간의 상관관계를 모식적으로 살펴보기 위한 분류정확도와 분산영상의
공간적 자기상관도의 산포도는 〈그림 Ⅲ-33〉과 같다. 그림과 같이 이들
간의 상관관계는 부의 관계가 있는 것으로 나타났다.

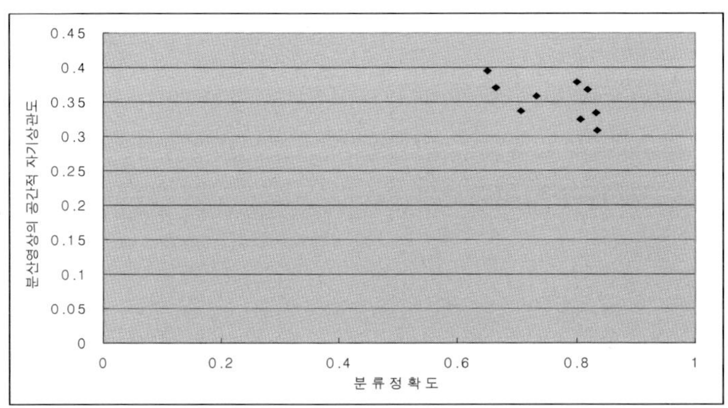

〈그림 Ⅲ-33〉 분류정확도와 분산영상의 공간적 자기상관도의
산포도

 ② 원격탐사 영상의 분광분리도와 분류정확도 변화와의 상관관계
 원격탐사 영상으로부터 파악되는 속성정보의 특성을 반영할 수 있

는 세 가지 분광분리도 측정기법인 divergence, J-M 거리, 그리고 Mahalanobis 거리와 분류정확도의 변화와의 상관관계를 측정한 결과는 〈표 Ⅲ-4〉와 같다. 분광분리도는 속성정보의 변화정도를 예측할 수 있는 지표이므로, 분광분리도의 변화량과 분류정확도의 변화량을 대상으로 상관관계를 분석하였다.

〈표 Ⅲ-4〉 분광분리도와 분류정확도 변화와의 상관관계

	J-M 거리	Mahalanobis	divergence
상관관계	0.636	0.588	0.042

정확도 변화와의 상관관계가 높은 분광분리도는 J-M 거리와 Mahalanobis 거리인 것으로 나타났다. 특히 J-M 거리와 Mahalanobis 거리의 변화가 분류정확도의 변화와 정의 상관관계가 있는 것으로 나타났다. Divergence는 분류정확도와 높은 상관관계를 보이지 않았다. J-M 거리와 Mahalanobis 거리는 해상도의 변화에 따른 속성정보의 변화를 잘 반영하고 있을 뿐만 아니라, 영상으로부터 파악된 속성정보의 분류정확도의 변화와도 높은 상관관계를 보이고 있다. Divergence의 경우 해상도의 변화에 따른 속성정보의 변화를 분광분리도로 표현할 수 없었다. 따라서 원격탐사영상으로부터 파악되는 속성정보의 특성을 반영하기 위한 분광분리도는 J-M 거리와 Mahalanobis 거리인 것으로 평가된다. 이들 분광분리도 측정기법과 해상도의 변화와의 상관관계를 산포도로 표현하였다. 〈그림 Ⅲ-34〉는 분류정확도의 변화와 J-M 거리의 변화를 산포도로 표현한 것이다. 그림과 같이 이들 간의 자료는 정의 상관관계를 가지고 있다. 〈그림 Ⅲ-35〉는 분류정확도와 변화와 Mahalanobis 거리의 변화를 산포도로 표현한 것이다. Mahalanobis 거리 역시 J-M 거리의 경우와 비슷한 경향을 보이고 있다.

이상의 결과를 종합해보면 다음과 같다. 분산영상의 공간적 자기상관도는 분류정확도와 유의한 상관관계가 있으므로, 해상도의 변화에 따른 영상의

특성을 파악하기 위한 지수로 사용될 수 있다. 특히, 해상도에 따른 전반적 영상의 변화를 파악하고, 해상도가 변화하는 지점(scale of action)을 탐색할 경우에는 유용한 지수로 사료된다. 또한 정확도의 변화를 예측하기 위한 지수로 J-M 거리와 Mahalanobis 거리가 사용될 수 있다. 이들 분광분리도 측정기법은 정확도의 변화와 정의 상관관계에 있으므로, 분광분리도가 크게 증가한 해상도가 분류정확도가 향상되는 해상도로 해석할 수 있다.

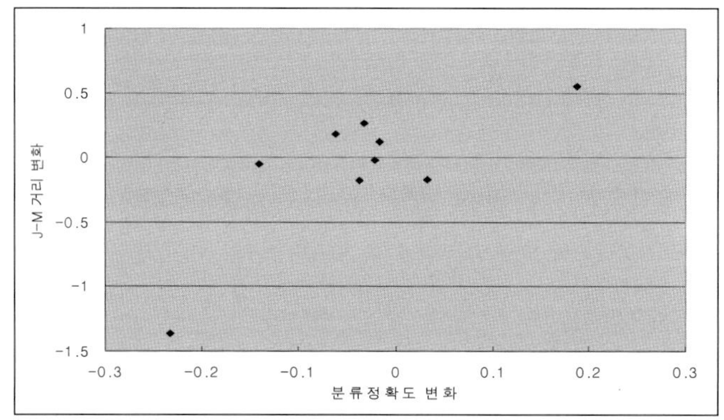

〈그림 Ⅲ-34〉 분류정확도의 변화와 J-M 거리의 변화와의 산포도

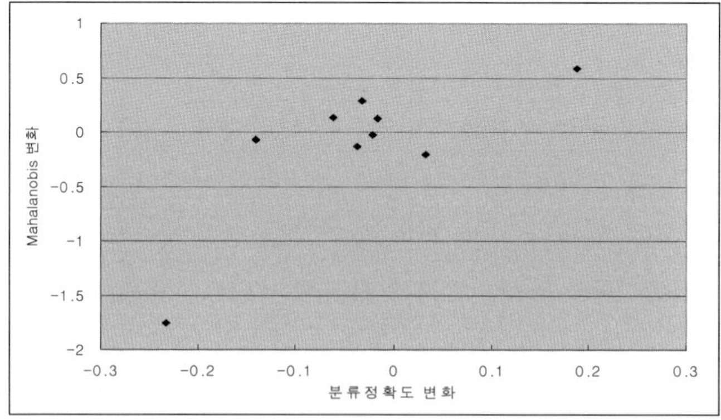

〈그림 Ⅲ-35〉 분류정확도의 변화와 Mahalanobis 거리의
변화와의 산포도

3) 적정해상도 탐색절차 제안

다양한 해상도의 원격탐사 영상으로부터 적정해상도를 선정하기 위해서는 해상도 특성 지수를 이용한 영상의 특성 변화를 파악하여야 한다. 원격탐사 영상의 적정해상도는 영상으로부터 나타나는 속성정보가 잘 표현되는 현상반영 축척에 해당되는 해상도이다. 연구자가 분석하고자 하는 지리현상을 가장 명확히 표현하는 해상도를 탐색하여야 한다. 이를 위해서는 영상의 특성을 반영할 수 있는 지수를 선정하고, 이 지수의 변화를 분석하여 적정해상도를 선정할 수 있다.

해상도의 변화에 따른 원격탐사 영상의 변화를 탐색하기 위한 지수로 분산영상의 공간적 자기상관, J-M 거리, Mahalanobis 거리를 선정하였다. 영상의 분류정확도와 관계를 분석한 결과 분산영상의 공간적 자기상관도가 분류정확도와 유의한 상관관계를 가지고 있으며, 분광분리도 측정지표인 J-M 거리와 Mahalanobis 거리가 분류정확도의 변화와 관계가 있는 것으로 나타났다.

해상도에 따른 영상의 특성을 표현하기 위한 지수를 탐색한 결과, 영상의 특성 변화를 하나의 대표값으로 표현할 수는 없었다. 영상의 구조특성을 표현하기 위한 분산영상의 공간적 자기상관도는 분류정확도와 부의 상관관계를 가지고 있으며, 영상의 속성정보의 특성을 표현하기 위한 분광분리도는 분류정확도의 변화와 정의 상관관계를 가지고 있다. 이와 같이 영상의 특성을 표현하는 지수들 중에서 하나의 기준만으로 적정해상도를 선정하는 과정에 사용될 수는 없다. 해상도 특성을 파악하기 위한 지수들은 개발목적에 따라 각자 다른 특성을 반영하기 때문이다. 따라서 이들 기법들을 조합하여 적정해상도를 탐색하는 과정이 필요하다.

본 연구에서는 해상도 특성을 표현하기 위한 지수로 선정된 분산영상의 공간적 자기상관도와 J-M 거리, Mahalanobis 거리를 조합하여 적정해상도 탐색절차를 제안하고자 한다. 원격탐사 영상의 적정해상도 탐색을 위한 절차를 모식적으로 표현하면 〈그림 Ⅲ-36〉과 같다.

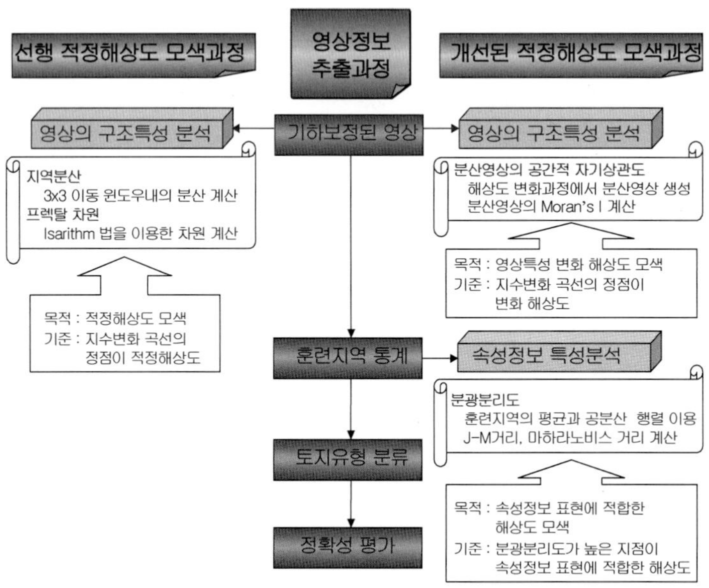

〈그림 Ⅲ-36〉 적정해상도 탐색절차

원격탐사 영상으로부터 정보를 파악하는 과정은 기하보정된 영상으로부터 훈련지역을 설정하고, 이를 바탕으로 토지유형을 분류한 후 정확성을 평가하는 절차를 거친다. 해상도에 따른 영상의 특성을 파악하기 위해, 특히 영상으로부터 파악되는 속성의 특성을 파악하기 위해서는 이러한 영상처리 과정을 거쳐 정확도가 평가되어야 한다. 그러나 다양한 해상도의 모든 영상으로부터 속성을 분류하고 정확성을 평가하기 위해서는 많은 비용과 시간이 소요된다. 따라서 영상처리 과정을 모두 수행하지 않고서도 영상으로부터 파악된 속성정보를 적절히 표현할 수 있는 해상도의 탐색절차가 필요하다.

지금까지의 적정해상도의 선정을 위한 선행연구는 원래의 영상을 대상으로 해상도에 따른 구조특성을 파악하는 데 집중되어 왔다. 적정해상도의 탐색을 위하여 국지적 분산과 프랙탈 차원이 이용되었다. 그러나 영상에 이들 지수를 적용한 결과 해상도에 따른 뚜렷한 차이를 발견할 수 없었다. 또한 영상으로부터 취득되는 속성정보의 처리과정이 반영되지 않기 때문에 속성정보의 변화를 파악할 수 없었다.

이에 원격탐사 영상의 적정해상도 탐색절차를 두 가지 단계로 나누어 접근하고자 한다. 우선 영상의 구조특성을 측정을 통한 변화해상도를 선정하고, 다음 단계로 분광분리도 측정을 통한 속성정보의 표현 해상도를 선정한다. 적정해상도의 탐색절차를 구체적으로 표현하면 다음과 같다.

(1) 위성영상 구조특성의 변화해상도 탐색

영상의 구조특성을 파악함으로써 영상의 특성이 변화하는 해상도(scale of action)를 선정할 수 있다. 영상의 구조특성을 파악함으로써 적정해상도를 탐색하는 것보다는 해상도에 따른 영상특성의 변화지점을 파악하는 것이 효과적이다. 영상의 특성이 변화하는 해상도를 탐색하기 위한 지수로는 분산영상의 공간적 자기상관도를 선정하였다. 해상도의 변화과정에서 파생되는 분산영상의 공간적 분포패턴을 파악함으로써 해상도 변화에 따른 영상의 특성 변화를 분석할 수 있다. 이는 웨이브렛 다해상도 분해과정에서 구체적 영상(detail image)의 해석과 같은 과정이라 할 수 있다. 분해구조특성의 분산영상의 공간적 자기상관도를 이용한 적정해상도 탐색단계는 다음과 같다.

1단계: 영상의 해상도를 저감할 때, 새로운 해상도의 영상과 함께 분산영상을 동시에 제작한다. 영상에서 인접한 화소들을 묶어 새로운 화소를 작성함으로써 해상도를 변화한다. 이때 새로운 영상으로 합쳐지는 화소들 간의 분산을 계산하여 분산영상을 제작한다. 분산영상은 해상도를 저감할 때 저감된 영상과 원래의 영상 간의 차이를 표현하는 영상이다.

따라서 분산영상의 공간분포를 분석함으로써 해상도 저감에 따른 영상의 변화를 파악할 수 있다.

2단계: 해상도의 변화과정에서 제작된 분산영상을 대상으로 공간적 자기상관도 측정지수인 Moran's I를 계산한다. Moran's I는 인접한 화소들 간의 차이가 임의적인가 어떠한 경향을 가지고 있는가를 표현하는 지수로, I의 값이 높을수록 공간적 자기상관도가 높다고 할 수 있다. 공간적 자기상관도가 높으면 공간적 분포패턴은 집중된다. 분산영상의 공간적 분포패턴이 집중되면 해상도 저감에 따른 일부구역의 변화가 크다는 것을 의미한다.

3단계: 각 해상도마다 측정된 Moran's I 값을 해상도에 따라 비교한다. Moran's I 값은 해상도의 변화에 따라 일정한 변화양상을 보이고 있다. 이러한 변화양상을 분석하고 이를 그래프로 표현한다.

4단계: Morans'I 값의 변화를 파악하여 변화해상도를 선정한다. Moran's I의 변화를 표현한 그래프에서 곡선의 정점에 해당되는 해상도가 영상의 정보가 변화하는 해상도이다. 즉, 원격탐사 영상의 특성이 변화하는 해상도로써, 이 해상도를 기준으로 영상의 정보가 변화하며, 분류정확도가 저하된다.

분산영상의 공간적 자기상관도 분석을 통하여 영상의 특성이 변화하는 해상도를 탐색할 수 있다. 원격탐사 영상의 적정해상도를 선정하기 위해서는 변화해상도를 기준으로 영상의 속성정보가 적절히 표현되는 해상도를 탐색하여야 한다. 변화해상도보다 높은 해상도에서는 해상도의 변화에 따른 분류정확도의 변화가 크지 않다. 그러나 변화해상도보다 낮은 해상도의 경우, 해상도의 변화에 따른 분류정확도의 변화가 심하게 나타나고 있다. 따라서 변화해상도보다 낮은 해상도 중에서 적정해상도를 선정할 경우, 속성정보의 표현에 적합한 해상도의 탐색절차가 수반되어야 한다.

(2) 위성영상의 속성정보 표현에 적합한 해상도 탐색

속성정보의 표현에 적합한 해상도의 탐색을 위해서는 훈련지역의 통계정보를 이용한 분광분리도 측정기법을 적용하는 것이 효과적이다. Markham 과 Townshend(1981)의 연구에서와 같이 공간해상도가 영상의 분류결과에 미치는 주요 요인 중의 하나가 분광분리도의 변화이기 때문이다. J-M 거리 와 Mahalanobis 거리는 속성정보의 변화과정을 명확히 표현하기 위한 지수 가 될 수 있다. J-M 거리나 Mahalanobis 거리가 높게 나타나는 해상도는 분류정확도가 향상되는 해상도로 볼 수 있다. 따라서 이러한 해상도는 영 상의 속성정보가 잘 표현되는 해상도라고 할 수 있다. 분광분리도 측정기 법을 이용한 속성정보의 표현에 적합한 해상도의 탐색절차는 다음과 같다.

1단계: 원격탐사 영상으로부터 훈련지역(training site)을 설정한다. 훈 련지역은 영상으로부터 속성정보를 파악하기 위해 분류 지역의 특성을 전형적으로 가지고 있는 지역으로 선정한다. 선정된 훈련지역은 각 해상 도의 영상에 적용된다.

2단계: 각 해상도의 영상으로부터 훈련지역의 통계량을 계산하여 signature 파일로 저장한다. 훈련지역의 통계량으로는 평균, 표준편차, 최 소, 최대, 밴드 간 공분산 등이 있다. IDRISI나 ER-Mapper와 같은 영상 처리 시스템을 이용하여 훈련지역의 통계량을 계산할 수 있다.

3단계: 훈련지역의 통계특성을 담은 signature 파일로부터 분광분리도 를 측정한다. 분광분리도 측정기법으로는 J-M 거리나 Mahalanobis 거리 를 이용한다. 이들 분광분리도 측정기법은 영상으로부터 분류되는 속성 정보의 분류정도를 예측할 수 있는 기법이다.

4단계: 각 해상도마다 측정된 J-M 거리와 Mahalanobis 거리를 해상도에 따라 비교한다. 이들 분광분리도는 해상도의 변화에 따라 특이한 변화양상 을 나타내고 있다. 이러한 변화양상을 분석하고 이를 그래프로 표현한다.

5단계: J-M 거리와 Mahalanobis 거리의 변화를 파악하여 영상의 속성 정보를 적절히 표현할 수 있는 해상도를 선정한다. 분광분리도의 변화를 표현한 그래프에서 지수의 값이 급속히 증가하는 해상도가 영상의 속성 정보를 잘 표현할 수 있는 해상도이다. 특히 변화해상도보다 낮은 해상도

중에서 분광분리도가 증가하는 해상도는 영상으로부터 파악된 속성정보의 분류정확도가 증가하는 해상도로 파악될 수 있다. 즉, 원격탐사 영상의 속성정보를 적절히 표현할 수 있는 적정해상도로 선정할 수 있다.

원격탐사 영상의 분광분리도 분석을 통하여 속성정보를 적절히 표현할 수 있는 해상도를 선정할 수 있다. 특히 분광분리도가 증가하는 해상도에서는 분류정확도의 향상을 예측할 수 있다. 분광분리도 측정기법은 변화해상도보다 낮은 해상도에서 속성정보를 적절히 표현하고자 할 경우, 적정해상도를 선정하는 데 사용될 수 있다.

이와 같이 원격탐사 영상의 구조특성 분석과 분광분리도 분석이라는 두 가지의 측정기법을 이용하여 적정해상도를 2단계로 탐색할 수 있다. 개선된 적정해상도 탐색절차는 기존의 해상도 측정기법과 비교하여 다음과 같은 장점을 가질 수 있다. 첫째, 개선된 적정해상도 탐색기법은 영상의 특성이 변화하는 해상도, 즉 변화해상도를 우선 선정한다. 기존의 해상도 특성 측정기법은 적정해상도를 직접 선정하였지만, 개선된 해상도 탐색기법에서는 변화해상도를 우선 탐색하여, 연구자에게 적정해상도를 선정할 수 있는 기준을 제시할 수 있다. 변화해상도를 기준으로 자료의 질과 양을 고려하여 적정해상도를 탐색할 수 있도록, 분석의 유연성을 부여하였다. 변화해상도로 구분되는 범위는 영상특성이 변하지 않은 범위라 할 수 있으며, 이러한 범위 내에서는 낮은 해상도의 영상에서도 높은 해상도의 영상과 같은 수준의 정보를 파악할 수 있다. 따라서 영상의 처리비용과 시간의 측면에서 효과적인 분석이 가능하다. 둘째, 영상을 분석하여 파악되는 속성의 정확도를 예측할 수 있기 때문에 속성이 선명하게 표현되는 해상도를 탐색할 수 있다. 분광분리도가 증가하는 해상도는 영상으로부터 파악되는 속성정보의 정확도가 높은 해상도라 할 수 있다. 원격탐사 영상의 이용목적은 속성을 파악하여 공간정보로 가공하는 것이다. 따라서 정확한 속성정보가 파악되는 해상도의 탐색이 필요하다. 이때 분광분리도를 이용하여 속성파악에 적합한 해상도를 탐색함으로써 명확한 정보의 파악이 가능하다. 본 연구과정에서 제시한 두 가지 단계의 적정해상도 탐색절차는 원격탐사 영상의 이용이라는 측면에서 적정해상도를 탐색할 수 있는 기법이라고 할 수 있다.

4) 적정해상도 탐색절차의 적용

원격탐사 영상의 적정해상도를 탐색하기 위하여 2단계의 해상도 특성 측정기법을 제안하였다. 본 장에서 제안한 적정해상도 탐색기법이 다른 지역의 원격탐사 영상에도 얼마나 잘 적용되는가를 평가하기 위하여 순천만 이외의 다른 해안 습지 지역을 대상으로 적정해상도 탐색절차를 적용하였다. 적정해상도 탐색기법을 적용하여 파악된 결과를 해상도별 참조지도와 비교하여, 그 결과를 비교하고 적정해상도 탐색기법을 평가하였다.

(1) 적용대상 지역과 자료

적정해상도 탐색기법을 적용하기 위하여 순천만 지역의 영상 이외에 다른 해안습지의 영상을 이용하였다. 적용된 영상은 서해안 강화도 남단의 해안습지 지역을 선정하였다. 강화도 영상은 순천만과 같이 넓은 갯벌로 이루어져 있는 해안습지 영상이다. 순천만과 마찬가지로 바다와 갯벌이 넓게 분포하고 있다. 육상부는 삼림과 경지로 구성되어 있는데, 습지에 비하여 복잡한 토지유형을 나타내고 있다. 해안습지의 영상은 토지유형이 복잡한 육상부와 토지유형이 상대적으로 단순한 수역으로 구성되어 있다. 강화도 영상에서는 순천만 영상과 같이 대규모의 도시역은 나타나지 않으며, 염생습지 또한 뚜렷이 표현되어 있지 않다. 강화도 영상은 순천만과 같이 토지유형의 분포가 이질적인 해안습지 지역이면서 토지피복의 종류는 순천만에 비하여 간단한 특성을 가지고 있다. 적용 지역은 인천광역시 강화도와 남단의 해안습지 지역이며, 1:50,000 도엽으로 강화와 김포의 일부에 해당한다.

적용대상 영상은 강화도 남단 지역을 촬영한 LANDSAT TM 영상 (1996년 9월 1일 촬영)을 이용하였다. 경기도와 서울을 차지하는 path 116, row 36의 LANDSAT TM 영상 중에서 강화도 남단을 포함하는 영상을 잘라내었다. 잘라낸 영상을 대상으로 기하보정 절차를 거쳐 영상의 기하학 적 왜곡을 보정하고, 지리좌표를 부여하였다. 보정된 영상으로부터 다시 시험 대상지역을 잘라내어 강화도 남단의 영상을 마련하였다. 영상의 위치 는 TM 좌표로 143880 E로부터 159240 E, 450710 N으로부터 466070N 에 해당되며, 영상의 크기는 512행×512열이다. 적정해상도 탐색절차를 적용하 기 위하여 마련한 강화도 남단의 영상은 〈그림 Ⅲ-37〉과 같다.

〈그림 Ⅲ-37〉 적정해상도 탐색절차 실험을 위한 영상

(2) 적정해상도 탐색 1단계: 영상의 구조특성 측정

강화도 남단 해안습지의 LANDSAT TM 영상으로부터 적정해상도를 탐색 하기 위하여 영상의 해상도를 저감하였다. 영상의 해상도는 인접한 화소들의

합쳐 평균값을 부여함으로써 저감된다. 이때 인접한 화소들 간의 분산을 새로운 영상의 화소값으로 부여한 분산영상을 동시에 제작한다. 제작된 분산영상은 공간적 자기상관도 분석을 통하여 변화해상도를 선정하는 과정에 이용된다.

해상도를 변화과정에서 제작된 분산영상을 대상으로 공간적 자기상관도를 측정한 결과는 〈그림 Ⅲ-38〉과 같다. 그림에서와 같이 모든 밴드에 걸쳐 공간적 자기상관도는 해상도가 낮아질수록 점차 감소하다가 120m 해상도에서 점차 증가하여 180m 해상도에서 정점을 보이고 있다. 밴드별 공간적 자기상관도를 평균으로 요약한 〈그림 Ⅲ-39〉의 경우 이러한 경향이 더욱 두드러지게 나타나고 있다.

적용 대상지역의 영상을 대상으로 분산영상의 공간적 자기상관도를 측정한 결과 180m 해상도가 영상의 특성이 변화한 변화해상도라 할 수 있다. 180m 해상도까지는 영상의 특성이 거의 변화가 없으며, 180m 해상도 이후 영상의 변화가 두드러지게 나타나고 있다. 따라서 적정해상도를 탐색하기 위해서는 180m 해상도를 기준으로 낮은 해상도에서는 분광분리도 측정기법을 통한 속성정보의 표현을 위한 적정해상도를 탐색하여야 한다.

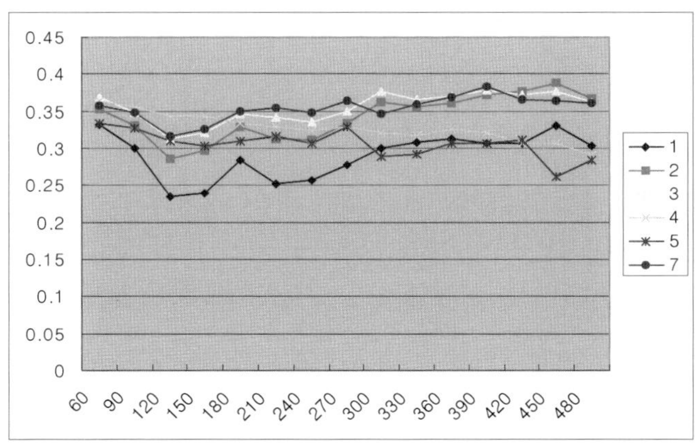

〈그림 Ⅲ-38〉 실험영상의 밴드별 공간적 자기상관도 변화

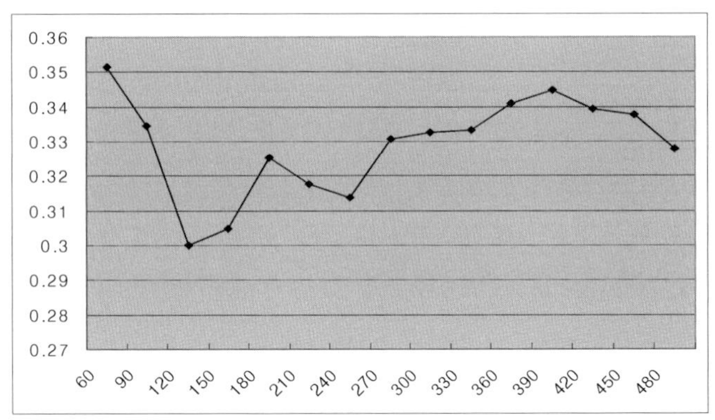

〈그림 Ⅲ-39〉 실험영상의 공간적 자기상관도 밴드평균의 변화

(3) 적정해상도 탐색 2단계: 영상의 분광분리도 측정

원격탐사 영상의 속성정보를 표현하기 위한 적정해상도를 탐색하기 위하여 분광분리도를 측정하고 그 변화를 분석하였다. 분광분리도 측정 기법으로는 J-M 거리와 Mahalanobis 거리를 이용하였다. 분광분리도를 측정하기 위해서는 우선 토지유형 분류계급을 설정하고, 분류계급별 훈련지역의 선정이 선행되어야 한다.

강화도 남단 해안습지의 토지유형은 수역, 갯벌, 삼림, 경지의 4가지 계급으로 설정하였다. 강화도 남단의 경우, 넓은 면적의 염생습지와 도시역이 존재하지 않아 분류계급에서 제외하였다. 설정된 각 토지유형별로 두 개씩의 훈련지역을 선정하였다. 훈련지역은 벡터 파일 형태로 선정하여, 다양한 해상도의 영상에 공통적으로 적용되도록 하였다. 각 해상도의 영상을 대상으로 훈련지역의 기초통계량과 밴드 간 공분산이 계산되며, 그 결과는 signature 파일로 저장된다. 작성된 signature 파일을 대상으로 분광분리도 측정기법인 J-M 거리와 Mahalanobis 거리를 측정하였다.

다양한 해상도의 영상으로부터 훈련지역을 설정하고, 설정된 훈련지역의 통계량을 이용하여 다양한 해상도에서 분광분리도를 각각 측정하고 그 결과를 그래프로 표현하였다. 분광분리도를 측정한 결과는 〈그림 Ⅲ-40〉과 〈그림 Ⅲ-41〉과 같다. 〈그림 Ⅲ-40〉은 J-M 거리의 해상도에 따른 변화를 나타내고 있으며, 〈그림 Ⅲ-41〉은 Mahalanobis 거리의 해상도에 따른 변화를 나타내고 있다.

그림에서 변화해상도인 180m 해상도보다 낮은 해상도에서 분광분리도의 변화가 뚜렷이 나타나고 있다. 특히 240m 해상도와 270m 해상도에서 분광분리도의 증가가 나타나고 있다. 이는 이들 해상도에서 속정정보가 잘 구분된다는 것을 가리키며, 따라서 이들 해상도가 속성정보의 표현에 적합한 적정해상도라는 것을 의미한다. 즉, 변화해상도인 180m 해상도보다 낮은 해상도에서는 속성정보의 표현에 적합한 해상도로 240m 해상도와 270m 해상도를 선정할 수 있다.

이상의 과정을 통하여 시험 대상지역의 영상은 다음과 같은 해상도 특성을 가지고 있다. 첫째, 영상의 구조특성이 변화하는 변화해상도는 180m이다. 이는 분산영상의 공간적 자기상관도를 분석함으로써 선정될 수 있다. 분산영상의 공간적 자기상관도의 변화를 해상도에 따라 분석할 때, 그 변화가 정점인 해상도가 영상의 구조특성이 변화하는 변화해상도라 할 수 있다. 둘째, 변화해상도보다 낮은 해상도에서 영상의 속성정보를 표현하기에 적합한 적정해상도는 240m 해상도와 270m 해상도이다. 이는 J-M 거리와 Mahalanobis 거리와 같은 분광분리도 측정을 통하여 선정할 수 있다. 각 해상도의 영상으로부터 설정된 훈련지역의 통계량을 기반으로 J-M 거리와 Mahalanobis 거리를 측정한다. 해상도에 따른 분광분리도의 변화를 분석할 때, 분광분리도가 급격히 증가하는 해상도가 속성정보의 표현에 적합한 적정해상도라 할 수 있다.

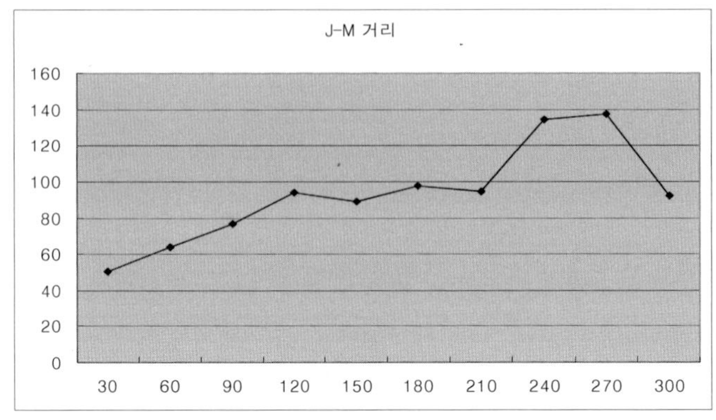

〈그림 Ⅲ-40〉 실험 영상의 J-M 거리 변화

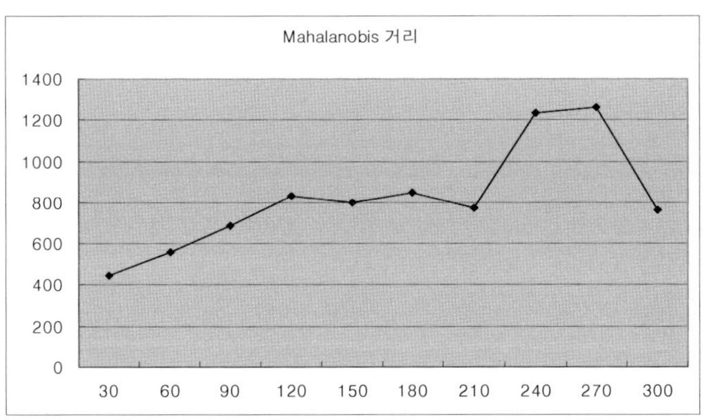

〈그림 Ⅲ-41〉 실험 영상의 Mahalanobis 거리 변화

(4) 적정해상도 탐색절차의 평가

　적정해상도 탐색절차를 통하여 선정된 변화해상도와 속성정보의 표현을 위한 적정해상도가 영상의 특성을 반영하고 있는가를 평가하기 위하여 실제 영상을 토지피복 분류하고, 분류정확도 분석을 통하여 분류결과를 평가하였다. 그 결과 나타난 해상도에 따른 분류정확도의 변화를 분

석하여 적정해상도 탐색절차에서 나타난 영상의 특성과 비교하였다.

먼저 각 해상도의 영상에서 선정된 훈련지역을 대상으로 토지유형 분류를 실시하였다. 강화도 남단 해안습지 지역의 토지유형 분류계급은 수역, 갯벌, 경지, 삼림의 4가지 계급을 이용하였다. 30m 해상도의 영상에서 토지유형의 분류결과는 〈그림 Ⅲ-42〉와 같다. 그림과 같이 강화도의 남단부에 넓은 갯벌이 발달되어 있으며, 육상부는 삼림과 경지로 이루어져 있다. 영상의 해상도가 변화함에 따라 영상으로부터 파악되는 속성정보도 변화하게 된다. 이를 측정하기 위하여 해상도별로 참조지도를 작성하고 분류정확도를 평가하였다.

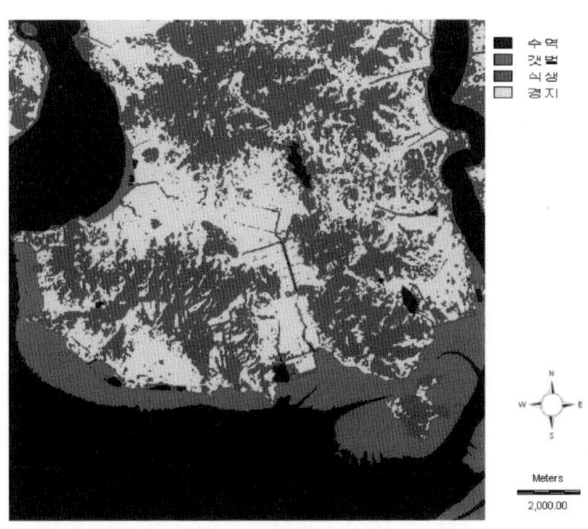

〈그림 Ⅲ-42〉 실험영상의 토지피복 분류결과

분류정확도 분석을 위하여 강화도 남단 지역의 지형도와 위성영상을 이용하여 참조지도를 작성하였다. 참조지도는 수역, 갯벌, 경지, 그리고 삼림의 4가지 분류계급으로 이루어져 있으며, Arc/Info의 벡터 커버리지 형태로 되어 있어 다양한 해상도의 래스터 자료로 변환이 가능하다.

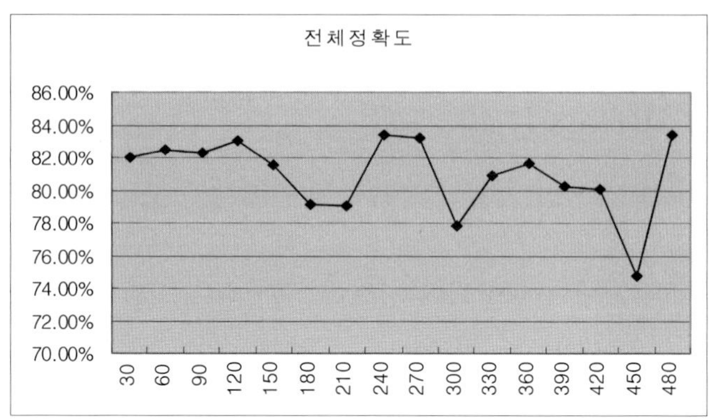

〈그림 Ⅲ-43〉 실험 영상의 해상도에 따른 분류정확도 변화

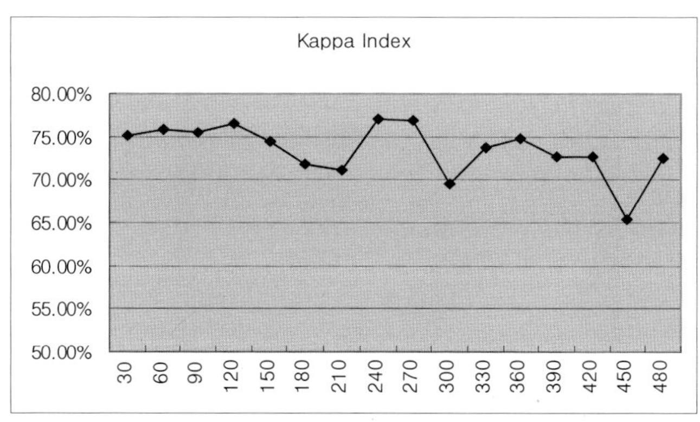

〈그림 Ⅲ-44〉 실험 영상의 해상도에 따른 Kappa Index 변화

해상도에 따른 강화도 남단 해안습지 영상의 분류정확도 측정을 위하여 다양한 해상도의 영상을 분류하고, 이를 각각 해당 해상도의 래스터 참조자료와 비교하였다. 각 해상도에서 분류된 영상은 참조지도와 중첩 분석되어 전체 정확도와 Kappa Index가 계산된다. 해상도별 강화도 남단 영상의 전체 정확도 변화는 〈그림 Ⅲ-43〉과 같으며, Kappa Index의 변화는 〈그림 Ⅲ-44〉와 같다. 순천만 영상의 경우와 같이 분류정확도는

해상도가 낮아짐에 따라 감소하는 경향을 보이지 않고, 특이한 곡선형태를 보이고 있다. 특히 특정 해상도에서는 정확도가 증가하는 해상도도 나타나고 있다.

해상도에 따른 영상의 분류정확도 변화를 적정해상도 탐색절차에서 나타난 영상의 특성과 비교하면 다음과 같은 특징을 찾을 수 있다. 첫째, 분산영상의 공간적 자기상관도 측정을 통하여 파악된 변화해상도인 180m 해상도에서 정확도의 급격한 하락이 나타나고 있다. 이는 영상의 특성이 변화하는 변화해상도에서 영상의 분류정확도 하락했던 결과와 일치하고 있다. 변화해상도의 탐색을 위하여 적용된 분산영상의 공간적 자기상관도는 강화도의 남단 해안습지의 영상에도 적용한 결과 변화해상도를 탐색하는 과정에 이용될 수 있다. 둘째, 영상의 분광분리도 측정기법을 이용하여 선정된 속성정보 표현의 적정해상도인 240m 해상도와 270m 해상도에서 분류정확도의 증가가 나타나고 있다. 이는 분광분리도가 향상된 해상도에서 분류정확도가 향상되는 결과와 일치하고 있다. 변화해상도보다 낮은 해상도에서 속성정보의 표현에 적합한 적정해상도에서 분류정확도가 향상하고 있다. 이와 같이 강화도 남단 해안습지 지역 영상의 경우에도 J-M 거리와 Mahalanobis 거리는 영상의 속성정보의 표현에 적합한 해상도를 탐색하는 과정에 적용될 수 있다.

원격탐사 영상의 적정해상도를 선정하기 위하여 제시한 적정해상도 탐색기법은 강화도 남단 해안습지 지역의 영상에 적용한 결과, 해상도에 따른 분류정확도의 변화를 반영할 수 있었다. 이와 같이 영상의 구조특성을 파악하고, 속성정보의 특성을 예측하는 2단계의 적정해상도 탐색절차를 이용하면, 해안습지 지역의 영상을 대상으로 변화해상도와 속성정보 표현 해상도를 명확하게 선정할 수 있다.

원격탐사 영상으로부터 적정해상도를 탐색하는 연구는 다양한 공간해상도의 영상으로부터 연구자의 목적에 필요한 영상을 선정할 경우 명확한 기반을 제공할 수 있다. 앞으로 적정해상도를 탐색하는 연구는 다양한 토지유형을 가진 지역을 대상으로 연구되어야 할 것이며, 다양한 센서의 영상을 대상으로 적정해상도를 선정하는 과정이 보완되어야 할 것이다.

참고문헌

구자용, 1992, "지리정보시스템에서 LANDSAT 데이터의 이용에 관한 연구," 지리학(대한지리학회지) 27(1): 46~59.

______, 2000a, 위성영상의 공간해상노 특성에 관한 연구-해안습지 토지피복분류를 중심으로, 서울대학교 지리학과 박사학위논문.

______, 2000b, "해상도 변화에 따른 공간 데이터의 구조특성 분석," 한국GIS 학회지 8(2): 243~255.

______, 2002, "위성영상자료의 분석을 위한 영상융합기법 연구," 한국GIS 학회지 10(2): 345~363.

______, 2003, "고해상도 위성영상의 분석기법 고찰," 사회과학연구 17, 상명대학교 사회과학연구소.

______, 2004a, "해안습지 지도화를 위한 위성영상 처리기법 연구," 사회과학연구 18, 상명대학교 사회과학연구소.

______, 2004b, "래스터 지리자료의 다축척 데이터베이스 구축에 관한 기초연구," 지리학연구 38(4):557~571.

______, 2005, "래스터 자료의 해상도 변환기법에 대한 비교분석," 사회과학연구 21, 상명대학교 사회과학연구소.

______, 2006, "도시와 원격탐사," 박수진·김인 편, 도시해석, 도서출판 푸른길, 541~556.

구자용·황철수, 2001a, "위성영상 해상도에 따른 순천만 해안습지의 분류정확도 변화," 한국지역지리학회지, 7(1): 35~50.

______, 2001b, "위성영상의 적정해상도 탐색 방안에 관한 연구," 대한원격탐사학회지 17(1): 71~84.

김용일, 1988, Filtering 기법에 의한 LANDSAT TM DATA의 분석정확도 향상에 관한 연구, 서울대 도시공학과 석사학위논문.

김원대, 2002, "정사영상지도 제작 및 활용방안 연구," 지리학연구 36(2): 143~151.

김정욱·권오혁, 1993, 영종도 신공항: 문제점과 대안, 도서출판 하우.

남영우, 1992, 계량지리학, 법문사.

박의준, 2001, "간석지 지형분류에 있어서 위성영상 활용방안에 관한 연구," 지리학연구, 35(2): 139~150.

박의준·구자용, 2003, "위성영상을 이용한 해안습지 지형경과 변화분석의 효율성 평가," 대한지리학회지 38(5): 822~834.

순천대학교 지역개발연구소, 1999, 순천만 생태계 조사.

순천시, 1999, 환경백서.

어양담, 1999, 위성영상 분류를 위한 트레이닝 정규화 알고리즘과 클래스 분리도 측정기법의 개발, 서울대학교 도시공학과 박사학위논문.

여화수·박경환·박병욱, 1997, "원격탐사의 동향과 고해상도 위성영상의 활용," 한국GIS학회지 5(1): 89~98.

유근배, 1993, 지리정보론, 상조사

이화정·김영섭, 2000, "대용량 원격탐사영상의 계층적 표현기법에 관한 고찰," 개방형 GIS 연구회지 2(1): 57~70.

임정호 외 공역, 2005, 원격탐사와 디지털 영상원리, 시그마 프레스. (Jenson, J. R., 2004, *Introductory digital image processing*, 3rd ed. Prentice Hall.)

채효석 외 공역, 2003, 환경원격탐사, 시그마프레스.

(Jensen, J. R., 2000, *Remote Sensing of the Environment*, Prentice Hall.)

Alker, Hayward R., 1969, A Typology of Ecological Fallacies. in Dogan, M. and S. Rokkan eds, *Quantitative Ecological Analysis in the Social Sciences*, The M.I.T. Press. 69~86.

Alparone, L. et al, 1998, A Pyramid~based Approach to Multisensor Image Data Fusion with Preservation of Spectral Signatures. in P. Gudmandsen eds, *Future Trends in Remote Sensing*, A. A. Balkema, Rotterdam, Netherlands.

Althausen, John D., 1994, *The Classification and Mapping of Naturally Occurring Phenomena in Coastal Environments using Remote Sensing and Geographic Information Systems*, Ph. D. Dissertation, University of South Carolina.

Apline, P., Atkinson, P. M., and Curran, P. J., 1997, Fine resolution satellite sensors for the next decade. *International journal of remote sensing* 18: 3873~3881.

Archibald, P. D., 1987, GIS and Remote Sensing Data Integration. *Geocarto International* 3: 67~73.

Asian Wetland Bureau·World Wide Fund for Nature, 1989, *A Status Overview of Asian Wetlands*, Ramsar Convention Bureau, Asian Wetland Bureau.

Atkinson, P. M., and Tatnall, A. R. L., 1997, Neural networks in remote sensing. *International journal of remote sensing* 18: 711~725.

Bian, Ling, 1997, Multiscale Nature of Spatial Data in scaling up environmental models. in Quanttrochi and Goodchild eds. *Scale in Remote Sensing and GIS* Lewis Publishers. 13~26.

Bian, Ling and Stephen J. Walsh, 1993, Scale Dependencies of Vegetation and Topography in a Mountainous Environment of

234

Montana. *Professional Geographer* 45(1): 1~11.

Butera, M. Kristine, 1983, Remote sensing of Wetlands. *IEEE Transactions on Geoscience and Remote Sensing* GE-21(3): 383~392.

Cao, Changyong, 1992, *Detecting the Scale and Resolution Effects in Remote Sensing and GIS*, Ph. D. Dissertation, Louisiana State University.

Cao, C. and N. S. Lam, 1997, Understanding the scale and resolution effects in remote sensing and GIS. in Quanttrochi and Goodchild eds. *Scale in Remote Sensing and GIS* Lewis Publishers. 57~72.

Carper, W. J., T. M. Lillesand, and R. W. Kiefer, 1990, The Use of Intensity-Hue-Saturation Transformations for Merging SPOT Panchormatic and Multispectral Image Data. *Photogrammetric Engineering and Remote Sensing* 56(4): 459~467.

Carr, J. R., 1999, Classification of digital image texture using variograms. in Atkinson and Tate eds, *Advances in Remote Sensing and GIS Analysis*, John Wiley and sons. 135~146.

Chavez, P. J. and J. A. Bowell, 1988, Comparison of the Spectral Information Content of Landsat Thematic Mapper and SPOT for Three Different Sites in the Phoenix, Arizona Region. *Photogrammetric Engineering and Remote Sensing* 54(12): 1699~1708.

Chavez, P. J., S. C. Sides and J. A. Anderson, 1991, Comparison of Three Different Methods to Merge Multiresolution and Multispectral Data: Landsat TM and SPOT Panchromatic. *Photogrammetric Engineering and Remote Sensing* 57(3): 295~303.

Chou, Yue Hong, 1991, Map Resolution and Spatial Autocorelation.

Geographical Analysis 23(3): 228~246.

Choung, Song Hak, 1992, *Wetland Change Detection using LANDSAT-5 Thematic Mapper Data in Jackson Hole, Wyoming,* Ph. D. Dissertation, University of Idaho.

Clark, W. and K. Avery, 1976, The Effects of Data Aggregation in Statistical Analysis. *Geographical Analysis* 8: 428~438.

Collins, John B., 1998, *Geostatistical Methods for Anlaysis of Multiple Scales of vatriation in Spatial Data,* Ph. D. Dissertation, Boston University.

Curran, Paul J., 1988, The Semivariogram in Remote Sensing: An Introduction. *Remote Sensing of Environment* 24: 493~507.

Daiber, F. C., 1986, *Conservation of Tidal Marshes,* Van Nostrand Reinhold Company.

Davis, F. et al, 1991, Environmental Analysis using Integrated GIS and Remotely Sensed Data: Some Research Needs and Priorities. *Photogrammetric Engineering and Remote Sensing* 57(6): 689~697.

Davis, Frank W. and D. S. Simonett, 1991, GIS and Remote Sensing. in Maguire, D. J., M. F. Goodchild and D. W. Rhind eds. *Geographical Information Systems: Principles and Applications volume 1:Principles,* John Wiley and Sons. 191~213.

De Cola, L. 1997, Multiresolution covariation among Landsat and AVHRR vegetation indices. in Quanttrochi and Goodchild eds. *Scale in Remote Sensing and GIS* Lewis Publishers. 73~91.

______, 1989, Fractal analysis of a classified Landsat scene. *Photogrammetric Engineering and Remote Sensing* 55(5): 601~610.

Denigre, J. eds, 1991, *Thematic Mapping from Satellite Imagery: An*

236

International Report, Elsevier Applied Science, London & New York.

Donnay, J-P, Barnsley, M. J. and Longley, P. A. eds, 2001, *Remote Sensing and Urban Analysis*, Taylor and Francis.

Ernst-Dottavio, C. L. et al, 1981, Spectral Characteristics of Wetland Habits. *Photogrammetric Engineering and Remote Sensing* 47(2): 223~227.

Foody, G. M., 1996, Approaches for the production and evaluation of fuzzy land cover classifications from remotely sensed data. *International journal of remote sensing* 17: 1317~1340.

______, 1999, Image Classification with a Neural Network: From Completely Crisp to Fully Fuzzy Situations. in Atkinson and Tate eds, *Advances in Remote Sensing and GIS Analysis*, John Wiley and sons. 17~37.

Fung, T. and E. LeDrew, 1987, Application of principal components analysis for change detection. *Photogrammetric Engineering and Remote Sensing* 59(6):1033~1038.

Goodchild, Michael F. and Dale A. Quattrochi, 1997, *Scale in Remote Sensing and GIS*, Lewis Publishers.

Green, L., D. Kempka, and L. Lackey, 1994, Using remote sensing to detect and monitor land-cover and land-use change. *Photogrammetric Engineering and Remote Sensing* 60(3): 331~337.

Hanson, S.(eds), 1997, *Ten Geographic Ideas That Changed the World*, Rutgers University Press.

Hinton, J. C, 1996, GIS and Remote Sensing Integration for Environmental Applications. *International Journal of Geographical*

Information Systems 10(7)： 877~890.

Hodgson, M. E. et al, 1988, Monitoring Wood Stork Foraging Habitat using Remote Sensing and GIS. *Photogrammetric Engineering and Remote Sensing* 54(11)： 1601~1607.

Jensen, J. R et. al, 1986, Remote Sensing Inland Wetlands： A Multispectral Approach. *Photogrammetric Engineering and Remote Sensing* 52(1)： 87~100.

Jensen, J. R., 1996, *Introductory Digital Image Processing： A Remote Sensing Perspective* 2nd ed., Prentice-Hall Inc., New Jersey, USA.

Jensen, J. R., J. E. Eates, and L. Tinney, 1980, Remote Sensing Techniques of Kelp Surveys. *Photogrammetric Engineering and Remote Sensing* 46(6)： 743~755.

Jensen, J. R., D. J. Cowen, S. Narumalani, J. D. Althausen, and O. Weatherbee, 1993, An evaluation of Coastal change detection protocol in South Carolina. *Photogrammetric Engineering and Remote Sensing* 59(6)： 1039~1046.

Jensen, J. R., E. W. Ramsey, H. E. Mackey, E. Christensen, and R. Sharitz, 1987, Inland wetland change detection using aircraft MSS data. *Photogrammetric Engineering and Remote Sensing* 53(5)： 521~529.

Jocobson, J. E, Ritter, R. A., and Koeln, G. T., 1987, Accuracy of thematic mapper derived wetlands as based on national wetland inventory data. *ASPRS/ACSM Fall Convention*, American Society of Photogrammetry and Remote Sensing, Falls Church.

Joria, Peter E. and Sean C. Ahearn, 1991, A Comparison of the SPOT and LANDSAT Thematic Mapper Satellite Systems for Detecting

Gypsy Moth Defolation in Michigan. *Photogrammetric Engineering and Remote Sensing* 57(12): 1605~1612.

Ku, C. Y., E. J. Park and K. B. Yu. 2003. The effect of spatial resolution on the land cover data extracted form the satellite image. *The Geographical Journal of Korea*(지리학연구) 37(1): 81~90.

Ku, Cha Yong. 2004. Analysis of spatial structure for high-resolution satellite image using wavelet multi-resolution analysis. *The Geographical Journal of Korea*(지리학연구) 38(1): 63~71.

Lam, N. S and Dale A. Quattrochi, 1992, On the Issues of Scale, Resolution, and Fractal Analysis in the Mapping Sciences. *Professional Geographer* 44(1): 88~98.

Lam, N.S and Lee De Cola, 1993, *Fractals in Geography*, PTR Prentice Hall, Englewood Cliffs, New Jersey.

Lam, Nina Siu-Ngan, 1990, Description and Measurement of Landsat TM Images Using Fractals. *Photogrammetric Engineering and Remote Sensing* 56(2): 187~195.

Lee, K. H. and R. S. Lenetta, 1995, Wetlands detection methods, in Lyon and McCarthy eds. *Wetland and environmental applications of GIS* Lewis Publishers. 249~284.

Lillesand, T. M and Kieffer, R. W., 1994, *Remote Sensing and Image Interpretation* 3rd ed., John Wiley and sons.

Lodwick, W. A., W. Monson, and L. Svoboda, 1990, Attribute error and sensitivity analysis of map operations in geographical informations systems: suitability analysis. *International Journal of Geographical Information Systems* 4(4): 413~428.

Lunetta, R. S. and Mary E. Balogh, 1999, Applicaion of Multu-Temporal Landsat 5 TM Imagery for Wetland Identification. *Photogrammetric Engineering and Remote Sensing* 65(11): 1303~1310.

Lyon, J. G. and J. McCarthy eds, 1995, *Wetland and Environmental Applications of GIS*, Lewis Publishers, Boca Raton, USA.

Mackey, H. E., 1990, Monitoring seasonal and annual Wetland changes in a Freshwater Marsh with SPOT HRV Data. *1990 ASCM-ASPRS Annual Convention Technical Papers*, American Society of Photogrammetry and Remote Sensing. 283~292.

Mallat, Stephane G., 1989, A Theory for Multiresolution Signal Decomposition: The Wavelet Representation. *IEEE Transactions on Pattern Analysis and Machine Intelligence* 11(7): 674~693.

Marain S., and S. L. Boros eds, 1996, *Raster Imagery in Geographic Information Systems*, OnWord Press, Santa Fe, USA.

Marceau, D. J., P. J. Howarth and D. J. Gratton, 1994a, "Remote Sensing and the Measurement of Geographical Entities in a Forested Environment 1. The Scale and Spatial Aggregation Problem," *Remote Sensing of Environment* 49: pp 93~104.

______, 1994b, "Remote Sensing and the Measurement of Geographical Entities in a Forested Environment 2. The Optimal Spatial Resolution," *Remote Sensing of Environment* 49: 105~117.

May, L. N, 1986, An Evaluation of Landsat MSS Digital Data for updating Habitat Maps of the Louisiana Coastal Zone, *Photogrammetric Engineering and Remote Sensing* 52(8): 1147~1158.

McNairn, H., R. Protz, and C. Duke, 1993, Scale and Remotely Sensed Data for Change Detection in the James Baym Ontario, Coastal

240

Wetlands. *Canadian Journal of Remote Sensing* 19(1): 45~49.

NOAA, 1995, *NOAA Coastal Change Analysis Program(C-CAP): Guidance for regional implementation,* NOAA Technical Report NMFS 123, http://www.csc.noaa.gov /crs/lca/proto2.html

Parks, Nancy F. and Gary W. Petersen, 1987, High Resolution Remote Sensing of Spatially and Spectrally Complex Coal Surface Mines of Central Pennsylvania: A Comparison between simulated SPOT MSS and Landsat-5 Thematic Mapper. *Photogrammetric Engineering and Remote Sensing* 53(4): 415~420.

Price, K. P., D. A. Pyke, and L. Mendes, 1992, Shrub Dieback in a semiarid ecosystem: The integration of remote sensing and GIS for detecting vegetation change. *Photogrammetric Engineering and Remote Sensing,* 58(4): 455~463.

Quattrochi, Dale A and Nina Siu-Ngan Lam, 1991, Perspectives on Integrating Multiscale, Multitemporal Remote Sensing Data with Geographic Information Systems. *Proceedings: The Integration of Remote Sensing and Geographic Information Systems,* 151~165.

Ranchin and Wald, 1993, The Wavelet Transform for the Analysis of Remotely Sensed Images. *International Journal of Remote Sensing* 14(3): 615~619.

Richards, John A., 1993, *Remote Sensing Digital Image Analysis,* Springer-Verlag.

Rutchey, K. and L. Velcheck, 1994, Development of an everglades vegetaion map using a SPOT inage and the Global Positioning system. *Photogrammetric Engineering and Remote Sensing,* 60(6): 767~775.

Shettigara, Vittala K., 1992, A Generalized Component Substitution Technique for Spatial Enhancement of Multispctral Images using a Higher Resolution Data Set. *Photogrammetric Engineering and Remote Sensing* 58(5): 561~567.

Star, J. L., Estes, J. E. and F Davis, 1991, Improved Integration of Remote Sensing and Geogrphic Information Systems: A Background to NCGIA Initiative 12. *Photogrammetric Engineering and Remote Sensing* 57(6): 643~645.

Star, Jeffery L, John E. Eates and Kenneth C. McGwire, 1997, *Integration of Geographic Information Systems and Remote Sensing*, Cambridge University Press.

Stone, Kirk H., 1972, A Geographer's Strength: The Multiple-Scale Approach. *The Journal of Geography* 71(9): 354~362.

Su, B., Li, Z., Lodwick, G. and Muller, J. C., 1997, Algebraic models of the aggregation of area features based upon morphological operators. *International Journal of Geographical Information Science* 11(3): 233~246.

Swain, P. H. and S. M. Davis, 1978, *Remote Sensing: The Quantitative Approach*, McGrow-Hill.

Townshend, J. R. G and C. O. Justice, 1988, Selecting the Spatial Resolution of Satellite Sensors required for Global Monitoring of Land Transformations. *International Journal of Remote Sensing* 9(2): 187~236.

Weigel, Stephanie J., 1996, *Scale, Resolution and Resampling: Representation and Anlysis of remotely Sensed Landscapes across Scale in Geographic Information Systems*, Ph. D. Dissertation,

Louisiana State University.

Welch, R., 1982, Spatial resolution requirements for urban studies. *International Journal of Remote Sensing* 3(2): 139~146.

Wheeler, J. D., 1993, Commentary: Linking environmental models with geographic information systems for global change research. *Photogrammetric Engineering and Remote Sensing* 59(10): 14971501.

Willians D. L., et al, 1984, A Statistical Evaluation of the Advantages of LANDSAT Thematic Mapper Data in Comparison to Multispectral Scanner Data. *IEEE Transactions on Geoscience and Remote Sensing* GE-22(3): 294~302.

Woodcock, C. E. and A. H. Strahler, 1987, The Factor of Scale in Remote Sensing. *Remote Sensing of Environment* 21: 311~332.

Yocky, David A., 1996, Multiresolution Wavelet Decomposition Image Merger of Landsat Thematic Mapper and SPOT Panchromatic Data. *Photogrammetric Engineering and Remote Sensing* 62(9): 1067~1074.

Zhenkui, M. and E. O. Charles, 1989, A Measurement of Spectral Overlap among Cover Types. *Photogrammetric Engineering and Remote Sensing* 55(10): 1441~1444.

· 저자 ·

구자용
(具滋龍)

· 약 력 ·

서울대학교 사회과학대학 지리학과 졸업
서울대학교 대학원 지리학 석사
서울대학교 대학원 지리학 박사
서울대학교 국토문제연구소 선임연구원
현) 상명대학교 사회과학부 지리학전공 교수

· 주요논저 ·

「위성영상의 공간해상도 특성에 관한 연구 - 해안습지 토지피복분류를 중심으로」
「래스터 지리자료의 다축척 데이터베이스 구축에 관한 기초연구」
「Analysis of spatial structure for high-resolution satellite image using wavelet
 multi-resolution analysis」
『세상을 변화시킨 열 가지 지리학 아이디어』(공역)
『도시의 이해』(공저)
외 다수

위성영상과 공간해상도

· 초판 인쇄	2006년 12월 30일
· 초판 발행	2006년 12월 30일
· 지 은 이	구자용
· 펴 낸 이	채종준
· 펴 낸 곳	한국학술정보㈜
	경기도 파주시 교하읍 문발리 526-2
	파주출판문화정보산업단지
	전화 031) 908-3181(대표) · 팩스 031) 908-3189
	홈페이지 http://www.kstudy.com
	e-mail(출판사업부) publish@kstudy.com
· 등 록	제일산-115호(2000. 6. 19)
· 가 격	26,000원

ISBN   89-534-6134-0 93980 (Paper Book)
       89-534-6135-9 98980 (e-Book)